龙宏
谢勋 著

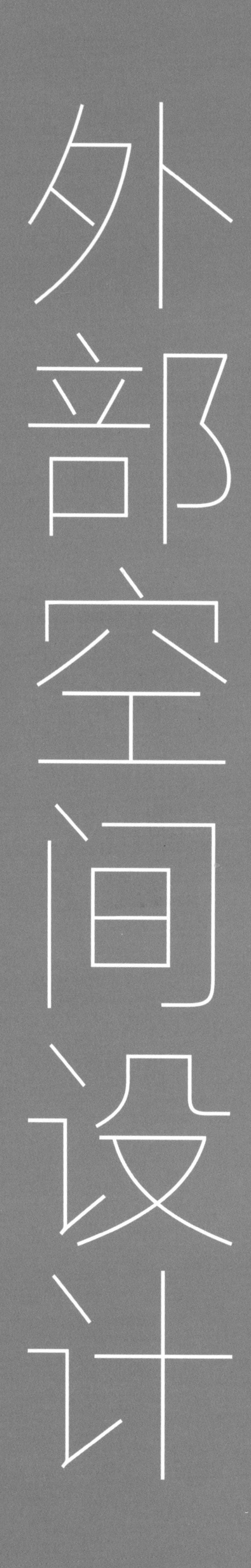

外部空间设计

普通高等教育"十三五"规划教材
四川美术学院雕塑系实践教学系列教程
External Space Design

西南师范大学出版社
全国百佳图书出版单位 国家一级出版社

学术委员会

序言　焦兴涛

今天，雕塑的改变不可避免并且已经发生。

随着社会的发展、观念的更新和科技的进步，当代雕塑创作呈现出多样而丰富的变化，并深刻地影响到今天的中国雕塑教育和未来的方向。在经历了对雕塑本体语言的深度追求和探索之后，得益于社会历史环境的改变、国家文化战略的影响、社区公共艺术的兴起以及艺术语言边界的扩展，雕塑已经从代表“雕”和“塑”概念的静止的“名词”，变为一个不断自我生长、自我更新的“动词”。

历久弥新，这是中国雕塑教育必须认识和面对的改变和挑战。

变化体现在几个方面。首先，今天的具象雕塑创作受国家整体文化战略以及受众变化的影响，出现了在尺度上“由大变小”，在空间上“由外而内”的变化，写实雕塑作品呈现出与过去不一样的特质，“重新写实”成为新的趋势；其次，随着中国新一轮城市化进程的开启以及“乡村振兴”战略的提出，雕塑、艺术装置对于城市文化的再造重塑功能以及对于乡村传统的活化再生作用，被重新认识并激发出来，成为今天雕塑创作的重要方向；再次，国家创新驱动战略的启动以及对“工匠”精神的尊崇，为具有创新精神的新手工艺创作营造了充分的社会需求，中国历史中绵延悠长、积淀深厚的“器物雕刻”传统，有机会以当代创造的视角重新进入雕塑创作领域；最后，引人关注的还有科技的发展对于艺术的改变，在互联网、新媒体、交互技术、增强现实、虚拟现实、人工智能、生物技术快速发展的背景下，当代雕塑创作结合多种技术手段，以强烈的实验精神呈现出丰富的跨媒介创作样式。

正是对于这些改变的回应，2016年，四川美术学院雕塑系建立了四个方向的工作室：具象雕塑工作室、跨媒介雕塑工作室、景观雕塑工作室和器物雕塑工作室。确立了两年基础部学习和三年工作室学习的学制。基本思路就是从雕塑出发，以空间、时间、身体、形体为核心和内在逻辑，去整合各种艺术的边界和可能，以“雕塑+”的方式去完成当代雕塑教育的重新升级。“具象雕塑”方向强调雕塑的场景性表现和肖像创作，针对“再塑历史、重塑生活”的目标，着重于研究写实雕塑对象和内容的转变、手段的深化；“跨媒介雕塑”方向强调“雕塑+实验艺术+现代科技”，是今天当代艺术融合网络科技和多媒体发展的一个重要方向，着重于材料与观念、跨界与参与、媒体与技术的艺术教学实践；“景观雕塑”强调雕塑与公共艺术、景观艺术的深度融合，探讨“雕塑化的景观”和“景观化的雕塑”的实践图景；“器物雕塑”通过“雕塑+传统工艺+现代设计”，试图建立对中国器物雕刻传统进行再造和创造更新的路径。

新的改变、新的教学体系的建立，不仅需要新的艺术观念和教育理念，更需要新的教学内容去支撑和发展，因此，编写一套新的雕塑教学教材成为当务之急。但是，这不是一个简单的教学讲义的整理，也没有现成的教学经验可以总结，它需要传承也需要创新，需要坚实基础也需要跨界融合，这是一个共同实验的教与学的持续不断的过程。四川美术学院雕塑系70年的教学和创作，为中国现当代美术贡献了众多经典名作，取得的成就也决定了对于中国雕塑教育的责任。如何在教材的撰写上做到观念上的兼收并蓄，内容上的推陈出新，学理上的完整系统，体例上契合艺术教育特点，老师们为此付出了辛勤的努力。

如果这一系列教材的出版，在支撑川美雕塑新的教学体系的同时，能为更多的艺术教育同行提供借鉴，为众多艺术爱好者提供参照，那么，艺术教育的价值和目的——艺术共享的意义才真正有了实现的可能。

前 言

当今城市建设面临的诸多问题，皆可归结为人与城市、人与自然的关系问题。人是活的生命体，人的社会交往发生在公共空间中，“埏埴以为器，当其无，有器之用；凿户牖以为室，当其无，有室之用。故有之以为利，无之以为用。”这里的“无”即空间，“用”的行为主体即人，因此，这就意味着不仅要研究城市空间，而且要研究城市空间中的人，包括人的文化背景、行为方式和心理感受。城市功能和结构的科学化、生态化、人性化以及可持续发展性的终极目标就是美的人居环境，而作为承载人类历史文化的载体，直接付诸人的视觉，影响人的情绪，反映生活在其中的人的精神面貌的城市空间形态艺术化随着经济持续发展，城市建设摆脱非理性转而进入良性循环，人们对生活环境、生活品质要求的不断提高，必将越来越受到应有的重视。

和谐社会的构建不仅要求人与人和睦相处，还要求人们相互间有更多的谅解和关爱，美好的公共生活空间从另一个角度来讲将有助于人身心健康的发展和道德情操的提升，有助于公民意识和公共意识的培养，有助于促成个人对群体的认同感和责任感，最终将有助于社会的整体和谐。从现象学角度来看，我们亦不难发现与之相呼应的两大趋势：其一，建筑界从关注“机器”“效率”转向关注“人”“自然”（艺术与生态）；其二，艺术界从关注“个体”“内心”转向关注“群体”“社会”（公共艺术）。

两种趋势所带来的结果是：双方历经工业文明后因人与自然和睦共生的要求而再次融合。

外部空间设计作为建筑学景观设计专业的必修课程，自重庆大学建筑城规学院（原重庆建筑大学）夏义民教授于20世纪80年代从美国引入以来，已有30多年的教学实践与总结，可谓硕果累累。近年来，随着城市化进程的进一步推动和生态文明的兴起，可持续发展理念已成为当今外部空间设计的重要原则。再者，以往建筑学重技术轻艺术、重功能轻形式的传统教学模式随着时代的发展也已朝着更加均衡、兼顾的方向发展。以上这些，都为重写《外部空间设计》提供了重要契机。

本书的特点在于：①将生态可持续理念作为首要设计原则列入书中。②在设计方法上新增了“意—象—形”三位一体的艺术学方法逻辑。③针对景观雕塑专业学生，特别增加了“透视变形及其矫正”等相关内容。

Chapter 1

001
/
015

第一章

空间与外部空间

External Space Design

康德：

理论物理学的完整体系是由概念、被认为对这些概念是有效的基本定律，以及用逻辑推理得到的结论这三者所构成的。[1]

概念及其内涵外延

1」爱因斯坦．爱因斯坦文集（第 1 卷）[M]．许良英，范岱年，编译．北京：商务印书馆，1976：313.

第一节

空间

空间（Space）——与实体相对应的概念，是由点、线、面、体划分或围合的虚体。从建筑学的角度看，无论城市或建筑其实用的部分主要是空间。可见，空间的本质是围合。空间的形成取决于一个物体同感觉它的人之间的相互关系。

空间既是物质和生命的存在形式，也是生命体验、认知的对象。在西方的科学与哲学体系中，空间就是一种抽象的虚空，它不会影响存在于其中的物体的运动，空间中也不能产生任何东西。然而，在东方占主导地位的哲学里，空间就是莽荡、混沌。老子和佛教的禅宗认为，在这莽荡中孕育着一切，所有物质性的存在都源自这一不可见的混沌。20 世纪初，人们发现物质的粒子因量子涨落、对称破缺而从虚空中脱颖而出，证实了古代东方人认为空间是活动的、有孕育力的看法是正确的。[2]

站在人居环境的角度，可以说空间乃是各种模型及其相应的秩序——既是客观的秩序，也是主观的秩序。所谓城市、建筑、雕塑就是赋予人类共同体以空间秩序和具体的形态，其基本作用是培养并维护人与自然、人与人之间的关系。

2」物理学家认为，在任何情况下，任何粒子的镜像与该粒子除自旋方向外，具有完全相同的性质，即宇称守恒。该定律在强力、电磁力和万有引力中相继得到证明。但美籍华人科学家杨振宁和李政道指出并由吴健雄实验证实，在弱相互作用下宇称不守恒，正是这不完美的对称破缺“无中生有”出物质来。自然对宇称有选择地冒犯颠覆了传统哲学。并且，按玻尔的观点，电子只能具有与它所可能占据的轨道相应的能量。一个电子在原子中的能量因此而被说成是“量子化的”。然而，如果说电子只能占据某些轨道，那么在从一个轨道跃迁到另一个轨道的过程中，它究竟处于什么状态呢？这就涉及中国道家既传统又现代的一个观念：“有无相生”。参见：[美]阿·热．可怕的对称 [M]. 荀坤，劳玉军，译．长沙：湖南科学技术出版社，1999.

一、 空间体验的缘起

对空间的感知一开始就伴随着生命同时存在。[3] 原始人把空间看成是感性具体的东西，是以“我”为中心向外扩散和将人包围起来的形式出现的。在他们看来，空间是身体的延伸，是人的手和眼所及的范围。对空间的方位、距离意识是多数灵长类动物都具备的本领，因为它直接关系到生命的安全。人类早期对空间的认识就是针对对象的具体定位而形成的一种空间经验。由日出日落到甲骨文的“四方”再到“两仪生四象，四象生八卦”，方位概念不断累积，结合作为认识主体的自我（“中”），最终形成中国与数字五、九相对应的平面空间观和西方与数字七相对应的立体空间观。[4]

想象力是人们把握事物本性时所用到的重要工具之一。“想象”意味着“想出图像”来。因此，图像成为人类思考的出发点与归宿。空间可以说是最原始的宗教体验，它在绝大多数情况下以图像的方式呈现于我们面前，而我们用知觉思维构筑的图像是客观实在经过意识过滤、筛选的结果，同时也是概念、思想得以形成的基础。图像可以说就是对空间最直观的反映和表现。当然，图像的形成不仅取决于个人的观点和行为方式，还取决于先天的遗传、先验的建构和后天的学习、交流。当同意某一观点的人数超越了某个临界值时，这一观点就成为“定见”。当整个文明对于实在的存在方式达到了统一的定见时，该信念系统便升格为最高形式——“范式”。当范式的可信度确定到不再需要任何人给予证明的程度，作为该范式基础的假设（形式的内在结构）便成为先验的设定，并构成“本底真理”，如埃及人独特的园林表现形式和因纽特人非常规空间的图形。（图 1-1a、图 1-1b）

3」微生物是最早出现的生物门类，它们没有神经系统，其地位相当于欧几里得几何学上的“点”。最早的动物靠自身的运动趋利避害，它们生活在空间的一个维度中，能感知前后但不能感知左右，其地位相当于欧几里得几何学上的“线”。扁体虫是第一个神经系统伸长为管状并在前端形成裂成两叉瘤突的生物，不仅能感知前后，还能感知左右，其地位相当于欧几里得几何学上的“面”。从鱼类开始，脊椎动物往上，所有的生命体都生有感知深度——空间的第三维——神经器官，它们的地位相当于欧几里得几何学上的“体”。

4」王贵祥先生认为，在实际的文化发展过程中，隐含于中国文化中的七方位的立体空间观念没有在中国得到发展，而源于《易经》阴阳、五行、八卦，反映天人合一，备受儒家文化推崇的五方位或九方位的平面空间观念，最终被确定下来。而在西方，源于东方美索不达米亚与两河流域，经希伯来人传承并以“上帝”为象征（《圣经·旧约》的“上帝七日创始说”以及其中关于圣数“七”的记述），后经基督教强化的垂直方位观念（天堂、人间、地狱），则一直延续至今。参见：王贵祥. 东西方建筑空间 [M]. 北京：中国建筑工业出版社，1998：62~73.

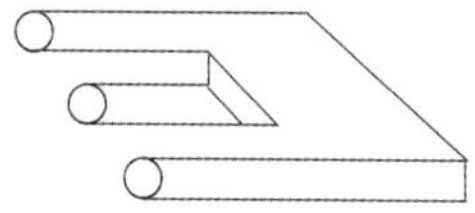

图 1-1a
因纽特人非常规空间图形

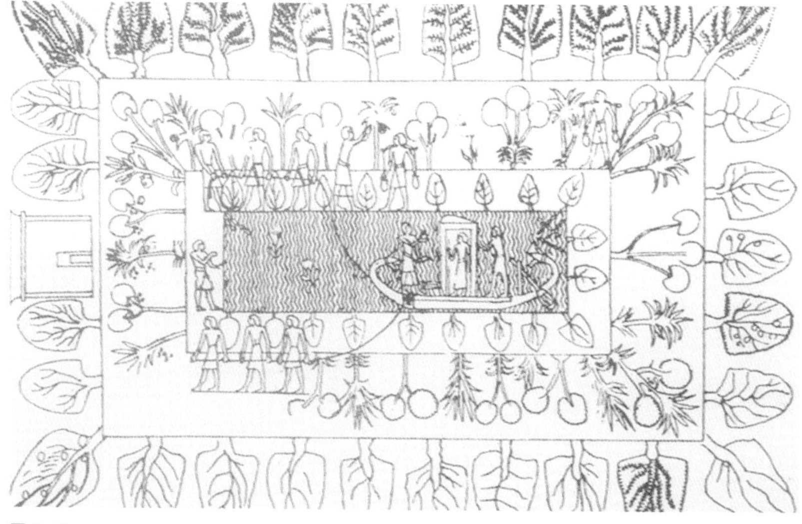

图 1-1b
古埃及园林派科玛拉（Pekhmara）平面图

二、抽象的空间概念

空间概念是对空间经验的观念性表述。

空间由“空”和“间”复合而成，是虚与实、无与有、用与利的合一。“空”，是虚无而能容纳之处，但又不是绝对的“虚无”。唐朝刘禹锡在《天论》中说 ：“若所谓无形者，非空乎？空者，形之希微者也。”意思是说：“空”并非无形，只是非固体之形。明清之际，王夫之在《张子正蒙注・太和》中说 ：“凡虚空皆气也，聚则显，显则人谓之有；散则隐，隐则人谓之无。”把“空”说成是“气”，实质是说“空”乃为一充实体。[5] 明末清初学者宋应星《天工开物》中的“论气・气形”篇说：“盈天地皆气也。”并指出动物、植物、矿物都是“同其气类”，都是“由气而化形，形返于气”。并说：“有形必有气”。“气”是中国风水学的核心，今天看来，气应该是对应着各种不可见的、无形的能量场以及暗物质、暗能量，它们与有形物体一样，也是一种存在。[6] 中国古代认为它们产生在“天地之始”，有能量，故为“万物之母”。“间”即间隙、分隔、限定，还可以指两桩事物的当中或其相互关系（如“天地之间”）。宇宙因能量的密聚生出物质，生出“间”。“间”以形而下的“器”显现、界定“空”并使人们透过它认识宇宙中形而上的“道”。古希腊德谟克里特认为世界就是原子和虚空。中国汉朝的《淮南子》一书关于空间的理解与此相似，《淮南子・俶真训》把有形的万物称为“有有者”，把空间称为“有无者”，说“有无者，视之不见其形，听之不闻其声，扪之不可得也”。战国时期尸佼《尸子》云：“天地四方曰宇，往来古今曰宙。”这里的“宇”即空间，“四方上下”或“六合”，乃虚空的大容器，万物纳于其中。

就空间环境而言，空间与实体相互依存，互为表里。实体从范围和意义上界定、生成、创造空间，反过来，空间使实体得以显现和突出。老子《道德经》曰：“埏埴以为器，当其无，有器之用。凿户牖以为室，当其无，有室之用。故有之以为利，无之以为用。”两者共同形成“无有”之用。“空”是本，是“气”（即空间力），“间”是质，是“空”之形藏。本者，原也；质者，本之所依。

5」 作为中国哲学的概念，“气”指产生和构成天地万物的本源。王充提出：“天地合气，万物自生。”（《论衡 · 自然》）北宋张载认为：“太虚不能无气，气不能不聚而为万物。”(《正蒙・太和》) 另一方面，南宋朱熹提出“未有天地之先，毕竟也只是理，……有理便有气，流行发育万物。”(《朱子语类》卷二) 听起来很玄，其实他们讲的“气”是指事物的发展规律。佛教认为一切事物的现象都有各自的因和缘，事物本性并不具有任何固定不变的个体，也不是独立存在的实体，而是以一种虚无缥缈的姿态出现的，故称之为“空”。“空者，理之别目，绝众相，故名为空 。”(《大乘义章》) 它指的是“诸法的本体为空，因缘分之相继而确确实实地存在”。用通俗的话讲，即物可生可灭，而运动变化规律，则常在。人们对于气有三层理解：其一是物理的气，即空气。它包含氧、氮等各种成分并因冷热干湿、运动变化而形成风、云、雨、雪、霜、雾、雷、电、光等各种自然的物理状态和物理现象，并被统称为气象。其二是生理的气，即所谓元气。这是指维持人体组织、器官生理功能的基本物质与活动能力。中国武功中讲的“内练一口气、外练筋骨皮”指的就是元气。东汉王充说：“人以气为寿，形随气而动。”（《论衡・无形》）其三是心理的气，即所谓“气数”之类。无论是物理的空气、生理的元气、心理的气数，都可以说是一种“空间力”（能量）的表现，都与形体变化有关。空间力就是“空”的本质。

6」 科学家们认为宇宙由普通物质、暗物质以及被称为第三种成分的暗能量组成。哈勃空间望远镜的最新观测数据以及 2011 年诺贝尔物理学奖的三位美国科学家的研究成果表明，暗能量正推动宇宙加速膨胀并分离出暗物质，而我们所能够感知到的普通物质只占宇宙总能量的很少部分（普通物质占 4.5%，暗物质占 22.7%，暗能量占 72.8%）。参见：《参考消息》2010 年 3 月 27 日科学技术版《“哈勃”新数据印证爱因斯坦理论》和《文摘周报》2011 年 10 月 21 日第 9 版《宇宙或将终结于酷寒》。

第二节

外部空间

一、外部空间释义

何为外部空间？外部空间分为积极和消极两大部分。

外部空间相关空间理论的研究

积极空间是从自然中被限定，由人创造的有目的的外部环境，是比自然空间更有意义的空间。

消极空间就是无限延伸的自然美空间。这里的外部空间主要是指在限定范围内建立起向心秩序，满足人的意图、功能和目的的积极空间；当然，消极空间也很重要，就好像国画的留白，往往能够与积极空间相得益彰。如果说建筑空间（室内空间）是由天、地、墙三要素所限定，那么，也可以认为，外部空间就是没有屋顶的建筑。于是，地面和墙面就成为极其重要的设计要素。

站在城市的角度，外部空间即城市空间，由建筑物、构筑物、道路、广场、绿化、水体、城市小品、标志物等共同界定，围合而成的空间。克莱尔在其《城市空间》一书中对城市空间解释为："城市内和其他场所各建筑物之间所有的空间形式。"因此，包括桥梁、方尖碑、喷泉、雕塑、凯旋门、树群，还有建筑物的立面等，在城市空间的形成中都将起作用，都可以用许多方面的价值来评定：经济方面的、社会方面的、技术方面的、功能方面的、审美方面的等。凯文·林奇研究了城市（镇）的形态构成要素和空间景观特征，他在《城市意象》一书中提到，城市空间景观中边界、路径（道路）、节点（广场）、区域和地标是最重要的构成要素，并有基本规律可以把握，在塑造城市空间景观时应从这些要素的形态把握入手。

二、外部空间的构成形式

外部空间是由空间体（内空体和实体）构成的，构成的形式可分为两大类：收敛的空间（积极）和扩散的空间（消极）。

收敛的空间是周边有明确的边框并向内作分隔的空间，又叫作积极空间。相反，当外部空间是自然的，非人工意图的空间时，这种外部空间是无限的，所以又叫消极空间。所谓空间的积极性，是指空间能满足人的意图，或者说是有计划性，即首先确定外围边框并向内侧去建立秩序。而所谓空间的消极性，是指空间是自然发生的、无计划性的，即从内侧向外增加、扩展的。

积极的、收敛性空间的构成方法是分区组织，将这种有明确边框的空间按照一定内容分成几个部分，如动的空间、静的空间、过渡空间等，再根据各部分中的活动规律谋求空间的细分化，最后再把被明确区分的各空间联系起来形成流动的整体，如圣彼得大教堂与梵蒂冈总平面。（图 2-5）

扩散空间的构成方法是从既有空间体展开，并形成各种脉络形式，主要分均布式或中心式。如中心放射形、矩形、星形、环形、直线形、树枝形、片形、群星形、卫星形等，无论哪种构成，动线均是其骨架。

城市建设的美学思考

三、美术学语境下的外部空间构成

文化是对人的存在方式的描述，简单地说就是“符号——象征”体系，具体到美术学就是“意——象——形”三位一体，涉及相应的意象空间、知觉空间和物理空间，三个既相互关联又相互区别的层次。从创作者的角度来看，创造空间也就是创造人类自身的生活环境，并在这创造的过程中通过知觉审美的“象”，寓主观愿望的“意”，于客观物理的“形”。

（一）意象空间

这里的意象空间与凯文·林奇提出的“意象”相同点在于，都是对具体城市形态的形式抽象，归结为点、线、面、体等造型基本要素；不同点在于，林奇所强调的更多的是体验者对城市环境的感官“印象”，而这里所要强调的除了令人难以忘怀的美好印象，更注重由城市空间体验所引发的对天道、地道、人道的感悟和对生命的关怀、对生活的热爱——一种超越一般物像的自由联想和想象。审美不仅需要向形式倾注情感，对形式作出价值判断，还要创建不同于形象空间的、与拟人化的宇宙精神相呼应的意象、意境空间。

根据马克思主义物质决定精神和精神能动地反作用于物质的哲学思辨，城市空间艺术研究的“意象”，可以建立在生活方式和价值观念这两个互动的要素之上。生活方式决定了价值观念，价值观念反过来又不断影响着生活方式，它们一方面潜移默化地影响着建筑师、设计师和艺术家对城市空间的艺术塑造，另一方面又反过来在体验中引起人们对生命、生活的反思并生发新的“意象”。约翰·斯金纳把意象称为“没有所见对象的看”[7]，认为意象是一种行为的形式，意象空间由行为的符号化产生，具有不确定性。

既然意象空间所关联的是人的生活方式和价值观念，这就注定了伴随不同个体或群体所带来的多样性和或然性。不仅如此，意识的随意性和偶然性也必然导致意象空间超出因果逻辑的不确定性。这就好比物理学上关于“量子涨落”（量子在能级上出现，在能级之间的涨落过程中消失或者说不存在）中对“无”的想象超出了传统的逻辑思维，其孪生的推论性符号、语言，在这里被“瓶颈”所阻止，对人类认识来说不起作用。正是基于语言能够表达的范围，维特根斯坦在《逻辑哲学论》中指出：“除可说者外，即除自然科学的命题外不说什么。……对于不可说的东西，必须沉默。”[8]维特根斯坦之所以要给语言设限，是因为这个世界极其丰富多彩，必有一些东西是我们所不能了解的。当然，维特根斯坦所谓的保持沉默乃是一种哲学上的意思，即不能将某些东西当作哲学分析的对象。在哲学以外的领域，譬如艺术、诗歌、小说等领域，则容许形而上的玄思神游，即便如此，仍然免不了“词不达意”“言有尽而意无穷”。这里的“意象”“意象空间”就属于维特根斯坦的“神秘东西”、朗格脱离现实的“他性”（透明性）[9]、中国的“象外之象”。

7」[美]T. H. 黎黑. 心理学史——心理学思想的主要趋势[M]. 刘恩久，等，译. 上海：上海译文出版社，1990：418.

8」维特根斯坦认为，“主体不属于世界，反之，它是世界的界限”。因此，主体的自我“不可说”；其次，哲学（即形而上学）由于其命题中的某些符号并没有给以意谓，因此同样“不可说”；再次，维特根斯坦承认有“神秘的东西”，“诚然有不可言传的东西，它们显示自己，此即神秘的东西”，它同样不可说。参见：文聘元. 现代西方哲学的故事[M]. 天津：百花文艺出版社，2005：344~346.

超现实主义是个明显的例子，它虽然使用人们可以辨认的形状和形式，但会把这些可以辨认的形状和形式放置到一个无法辨认的语境中。这在很大程度上要归功于西格蒙德·弗洛伊德和卡尔·荣格所进行的先驱性的心理学研究，他们对于位于意识下面那个陌生区域的探索启发了视觉艺术家。西班牙艺术家萨尔瓦多·达利特别迷恋弗洛伊德关于性和死亡（因遭受神经症痛苦而产生对于死的欲求）两种内驱力的观念，他的超现实主义创造的是一个梦幻的世界，这个世界虽然由可辨认的图像组成，但是这些图像却不是按照理性的方式组合到一起的。它们是心智的产物而不完全是纯粹的经验所致（如柔软的手表、悬挂的人等），它们超越了知性，是对相对于视觉思维惯性的陌生化和“解构”，意图将观者引入更深层次的思考（图1-2）。同样，由实体的雕塑空间所想象、引申出来的虚拟空间、精神空间亦属“他性”“虚幻之象”，吴为山的《天人合一——老子》（图1-3），以满腹经纶的“空”，蕴含着无穷的文化力量，“空”是宇宙乾坤之象，是大境界，它吐故纳新，包罗万象。智者得空则思接千古，天、地、人于此对语，时间在这里汇聚。

人对事物的认知关乎意象，即便是最抽象的科学理论也离不开意象。意象是对“形式”的把握，艺术通过作品及其想象创建了一个与拟人化的宇宙精神相呼应的意象空间——一种存在者的“无蔽状态”，存在者的“真”，它是一种美的幻象，更是一种美的境界，这也是艺术与其他精神活动的区别。

9」朗格的“他性”即“透明性”“奇异性”，指艺术作为一种“幻象”，能够与现实相分离，从而使其“形式直接诉诸感知，而又有本身之外的功能”。也就是说，艺术作为一种情感表现性符号，其意义（内容与意蕴）弥漫于整个“形”或结构之中，它与形式一起诉诸人的感性知觉。敏锐的观测能够透过模仿性的形的表象捕捉到这些“透明”的“幻象”及其内涵。而如果由于艺术表现方式、方法的不当，被模仿的“形”的表象意义分散了观者的注意力，这艺术真正欲表现的“透明”的意蕴（象外之象）就会隐遁而去。参见：吴风. 艺术符号美学：苏珊·朗格符号美学研究[M]. 北京：北京广播学院出版社，2002：126.

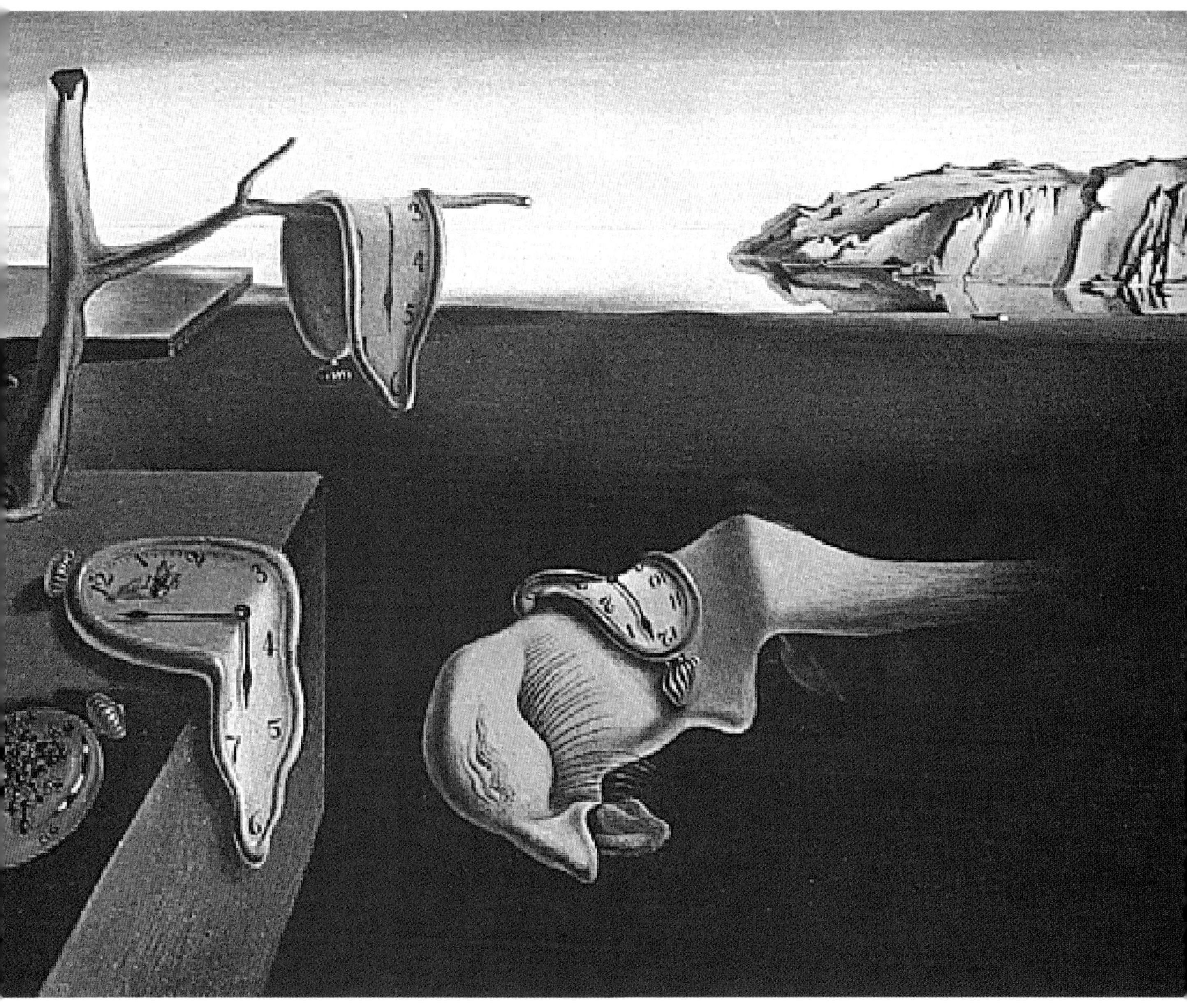

图 1-2《记忆的持续性》达利

图 1-3 意象雕塑《天人合一——老子》吴为山

（二）知觉空间

美术学语境下的更为全面的空间概念是指以物理空间为媒介，以意象空间为目的，融心物、内外于一体的知觉空间的生成与扩展。就空间艺术而言，知觉永远在先，而解释或表现在后，直观是艺术存在的必要前提。空间知觉指动物（包括人）意识到自身与周围事物的相对关系的过程。它主要涉及空间中的相对位置、方向以及对事物的深度、形状、大小、运动、颜色及其相互关系的知觉。空间知觉凭借感官的协同活动并辅以经验而实现，是感觉、经验、先验的综合。[10]

知觉空间是通过空间知觉将客观的物像经先验结构、观念由外向内和由内向外双向筛选处理，甚至能动地解构重构后转化并最终表现出的心理空间。根据洛克的经验主义哲学，经验包括内部经验（间接经验）和外部经验（直接经验），洛克将其统称为"观念"——思维的直接材料，它是两种经验的复合——源于外部的感官感觉和内部的反省，是对感性认识的概括和总结。显然，这里的"反省"或者说"观念"与康德的"先验直观"相关联，它不是一个简单的生理过程，而是涉及使光感神经传递的刺激信息产生具有更高级意义的心理过程。就空间艺术而言，它所反映的是物与物之间的心理联系，即由紧张关系所引起的负的量感——建立在知觉心理学基础上的"先验图式"空间。"图式"这一概念最初由康德提出，他把图式看作是一种先验的范畴。皮亚杰通过实验，赋予图式概念新的含义，认为"图式"是包括动作结构和运算结构在内的从经验到概念的中介。康德站在认识论的角度，从欧氏几何与牛顿空间出发，把空间同事实现象加以区别，并将其看作独立的、基于人类理解力的一个基本的"先验"范畴。他认为空间是人类感性的先天形式。

19 世纪中期以后，由于实验心理学和人类学的兴起，空间成为实证性的问题。心理学通过对个体空间知觉的实验研究，证明各种空间形式是人与周围环境互动的结果。鲁道夫·阿恩海姆在《视觉思维》一书中指出，知觉与思维并不能各自分离地行使其职能，思维所具有的能力如区别、比较、选择等，在最初的知觉中也发挥着作用。尽管思维是在头脑中生成的已然不复存在于感官中的实在，但一切思维都要求一个感性基础。阿恩海姆运用格式塔心理学的原理对艺术——主要是视觉艺术中的一系列重要问题，如艺术的平衡、光色、空间、运动、表现等问题，作出系统的研究和科学的说明，其观点继承了克罗齐美学理论中的积极因素，并在视觉问题上大大发展了克罗齐的理论，通过揭示视觉知觉的理性本质，弥合了感性与理性、艺术与科学的裂缝。可以说，空间艺术是通过（创造）空间符号来显现人类智能、传达人类情感的文化行为。只要考察的是空间艺术，知觉及其经验就始终是最后的目的和最后的评判者。

今天的空间科学同样走到了一个主客、内外合一的境地。德国量子物理学家海森堡认为："把世界分为主观和客观、内心和外在、肉体和灵魂，这种常用的分法已经不再适用了。""自然科学不是简单地描述和解释自然，它乃是自然和我们人类之间相互作用的一个组成部分。"[11] 可见，现代物理学中，观察者与被观察者是以某种方式连在一起的，而主观思维这一属于内心范畴的东西，如今则同客观事实这一外在范畴联结在一起。相对论和不确定性原理意味着科学研究的对象已经不再是自然本身，而是包括了人类对自然的研究行为。

10」姜椿芳．不列颠简明百科全书[M]．北京：中国大百科全书出版社，1985：808.

11」杨清．现代西方心理学主要派别[M]．沈阳：辽宁人民出版社，1982.

（三）物理空间

美术学语境下的物理空间最典型的莫过于城市景观、景观建筑和景观雕塑。

1. 城市景观

城市创造空间并赋予空间以秩序。随着城镇化的进一步发展，城市设计作为连接城市规划与建筑的中间环节越来越受到各个相关方面的重视，城市公共空间也日益智能化和艺术化。城市公共空间主要由建筑来划分和界定。建筑自身的功能与形式、建筑与人、建筑与建筑的相互关系决定了城市公共空间的形态和性质。尽管建筑的实用问题比起其他艺术门类显得更为突出，但是，建筑同时作为公共空间艺术其着眼点除了功能上的"善"（合目的性），更在于通过体量组合、空间编排和立面处理等艺术设计所产生的有意味的公共空间"幻象"，这种幻象通过凡尔赛大尺度的几何花园空间、圣马可广场极富节奏韵律的廊柱、圣彼得大教堂象征天国的十字造型、哥特教堂令人敬畏的纵向大尺度空间和充满神秘光感的镶嵌玻璃画等生成于体验者的心中。这是一种象征和隐喻，它嫁接了思想的两极：直觉—智慧、阴—阳、理性—浪漫，营造了一种意象中的空间秩序。一个城市吸引人的魅力往往在于它的空间秩序以及蕴含其中的生活方式和精神面貌。这是因为聚居空间与其承载的生活情节是一个集合体，它能述说生活中的故事，给人以遐想，并给人以艺术感染力。空间情节作为一种艺术存在，不仅强调了一种秩序，还表达了一种场所意象和空间记忆。

空间意象和场所象征是中国传统文化的重要特色之一，也是中国传统建筑文化的重要特色之一。观象制器历来是中国古代指导器物和建筑设计以及城市规划的一种美学思想，象天法地乃其设计规划之原则。而作为象天法地思想的理论基础——儒道哲学，则分别从封建礼仪和顺其自然两个方面决定了中国城市空间艺术的两种性质、两种面貌和两种格局。前者表现为一种伦理政治，其主要内容为正名分（中心与边缘）、别尊卑（高低之差别），其精神指向秩序与和谐，其内核为宗法和等级制度；后者表现为"因天材，就地利，故城郭不必中规矩，道路不必中准绳"[12]的顺应天地自然的无为而为态度。可以说，两者皆是从不同的角度以城市空间艺术为手段将天理投射到人间。

12」《管子·乘马》。

2. 景观建筑

"建筑是人类按照自然形象创造他自己天地的第一个表现形式。"[13] 这里的景观建筑泛指一切具有实用功能和艺术品位的城市人工构筑物。"每一个建筑物都会构成两种类型的空间：内部空间，全部由建筑物本身所形成；外部空间，即城市空间，由建筑物和它周围的东西所构成。"[14] 因此，建筑既是为自身而建造的（内部空间），也是为他人而建造的（外部空间）。建筑的抽象性表现在不同的建筑代表不同的文化，代表不同种族人们的栖身地。城市建筑在形态上体现出特定历史时期的社会、经济、政治、文化、自然环境条件等具体的综合性的形象特征，以及外部形态所彰显的城市特色，它潜移默化地影响着人们的行为模式及社会状态。在历史的推演过程中，城市建筑根据其发展演变规律，实现着新与旧的交替和沉积，是一个逐渐积累生长的生命性过程。

13」[美] 苏珊·朗格. 情感与形式 [M]. 刘大基，傅志强，周发祥，译. 北京：中国社会科学出版社，1986：114.

14」[意] 布鲁诺·赛维. 建筑空间论：如何品评建筑 [M]. 张似赞，译. 北京：中国建筑工业出版社，2006：14.

15」同上。

通常，在空间中相对独立的、集中型的建筑其整体拥有庞大的体量，外观"以'三向'的'塑像体'形式出现"[15]，这种"塑像体"的建筑形态，具有一般雕塑所无法企及的尺度、体量冲击和组群规模效应。建筑的体量感、形体美起着主导作用，侧重实体美的表现。这时的建筑犹如巨大的雕塑（图 1-4）。这类纪念建筑的外部世界尽管没有有形的界限，但其周边的氛围却受到纪念建筑的影响，在以纪念建筑为中心的视觉距离范围内，存在着影响体验者心绪的气场，一种明显的心理定式，一种场所精神。

图 1-5 重庆洪崖洞山地建筑

图 1-4 桃坪羌寨

图 1-6 重庆的山地肌理

16」[日]香山寿夫.建筑意匠十二讲[M].宁晶，译.北京：中国建筑工业出版社，2006.

17」同上。

18」同上。

就城市公共空间而言，建筑主要是以二维的“围合面”的形式出现，成为城市公共空间的构成因子，这时的建筑所侧重的是空间美的表现，而建筑的外立面设计可以看作是城市这个大家庭的“室内装饰设计”（图 1-5）。同时，建筑的空间站位关系、疏密有序的排列、高低错落的彼此互衬以及新与旧的并置等空间组合关系决定了城市公共空间的整体氛围和艺术个性（图 1-6）。

建筑是“最崇高的宗教行为”[16]。除了实用性、效率等，人们所拥有的共同的记忆、共同的愿望，这些也是秩序。建筑与人类的心灵深处有着密切的联系，在各种不同的艺术和技术当中，建筑因其综合性和全面性而突出于其他门类。法国雕塑家罗丹在其随笔《法国的教堂》中写道：“建筑是最具脑力性的艺术，同时也是最为感性的艺术。在所有的艺术当中，建筑是最为全面的要求人的整体能力的艺术。……同时建筑也是一定要绝对严格地服从营造气氛法则的艺术，这是因为建筑物常常淹没在环境气氛当中。”[17] 这里的气氛即场所感或场所精神，它具有规范人类生活和意识的综合能力。

图 1-7 哥特式大教堂内部

建筑不仅要表示出人们的居住空间，还要表示出是怎样艺术地居住。作为文化符号，它还要传递并表现出居住在城市中的人们的感情和思想，进而使人震撼和感动。哥特式大教堂并不仅仅只是为了引人注目、为了娱乐而建造，更为重要的是它还承载着向人们诉说、教导、传递的目的，大教堂的整体空间是以天国为模式进行设计的（图 1-7）。而教堂建筑中的雕刻、彩色玻璃的图案以及其他各种各样的建筑细节所反映的都是《圣经》中的故事和关于圣人的传说。法国美术史学家爱弥尔・马勒更是认为：“大教堂是一本书。……圣母大教堂作为肉眼能够看得见的物体，表现出来的是中世纪的思想。”[18] 可见，建筑的确是一直在向我们倾诉、与我们交谈。

3. 景观雕塑

景观雕塑是指在社会结构秩序中，在城市的公共空间环境里，以天然或人工材料加工、合成，占有三维空间的、蕴含精神功能的人工制品，借以反映社会生活、表达艺术家的审美情感和审美理想。雕塑又称雕刻，是雕、刻、塑三种创作方法的总称。雕、刻是减少可雕性物质材料，塑则通过堆增可塑物质性材料来达到艺术创造的目的。就城市外部空间而言，雕塑与建筑一样，都是用形体、材质说话。

景观雕塑代表着一个城市的文化内涵和品位，反映了一个城市的精神气质。作为城市公共空间艺术的类型之一，景观雕塑配合建筑烘托场所氛围，表示共同体的审美趣味和价值观念，其功利性体现在记录历史事件、纪念历史人物、寓教于乐等方面，是艺术地记录国家和城市的历史文化的最有效方式（图 1–8）。优秀的景观雕塑与城市广场、街区、建筑、绿化等各种因素相协调，可以起到装饰、美化城市的作用，是“城市的眼睛”（图 1–9）。景观雕塑根据其造型特征分为圆雕、透雕和浮雕（图 1–10）三种；根据其功能可分为纪念性雕塑、主题性雕塑、装饰性雕塑和娱乐性雕塑四大类（图 1–11）。景观雕塑艺术有其独特的审美特点，诸如空间环境的独特性、使用材质的永久性、欣赏方式的大众性、视觉条件的特殊性、制作工艺的技术性等，它们直接关系到景观雕塑艺术的构思、构图、艺术处理等方面。另外，景观雕塑离不开城市的人文内涵和城市的文化功能。优秀的景观雕塑大多有一个共同特点：在创作、设置的时候，它们或许会受某时、某地或某事件等因素制约，但它们总会以其人文的价值内涵超越这些因素的制约而具有人类文明的普遍意义。

在中西美学思想的比较研究中，一般人们认为西方雕塑以写实为主，兼有写意，于直观现实中追求寓情于形的物理理想；而中国雕塑以写意为主，兼有写实，于艺术想象中寻求以形写意的精神理想。尽管前者偏重实证，后者偏重玄思，但总的来说都是通过理想的写实或写意来寻求物质与精神、符号与象征、形象与意象的统一。

综合看来，景观雕塑属于环境艺术，与一般的雕塑作品只追求作品本身的艺术性和完整性不同，它必须以城市环境为背景，从时间、空间、文化内涵和艺术形式上与城市空间环境相互联系。今天的空间艺术各个学科、门类的界限变得越来越模糊，建筑与雕塑之间不再有明显的区别。雕塑家将其对实体的敏感转向空间，在向建筑艺术学习的同时其身份也在向公共艺术靠拢；反观建筑界，则是以更为全面的综合素质和雕塑家般的形体敏感游刃有余地“把玩”着更为巨大且多元的空间艺术形式。如果说古希腊神庙建筑是因其实体的敦厚而富于雕塑感，那么，今天的主题则是雕塑空间。亨利·摩尔的雕塑作品以空间为主题；盖里的建筑不仅有空间，更有自由、震撼人的雕塑形式。雕塑家叶毓山教授的重庆南山《鹰塔》（图 1–12），其初衷是雕塑般的建筑。实体与虚空结合阳光、大地、河流还有声音，共同发挥着巨大的作用，这就是作为表象的人居环境空间艺术的力量。

图 1-8 佛罗伦萨山岗上的《大卫》

图 1-9 上海浦东新区雕塑《日晷》、苏州新区雕塑《城市的眼睛》

图 1-10 圆雕、透雕、浮雕

图 1-11 纪念性雕塑、主题性雕塑、装饰性雕塑、娱乐性雕塑

图 1-12 重庆南山《鹰塔》 叶毓山

资料来源：

图 1-1b：王向荣，林箐．西方现代景观设计的理论与实践 [M]. 北京：中国建筑工业出版社，2002：1.

图 1-2：[美]H.H. 阿纳森．西方现代艺术史：绘画·雕塑·建筑 [M]. 巴竹师，邹德侬，刘珽，译．天津：天津人民美术出版社，1986：350.

图 1-11：陈绳正．城市雕塑艺术 [M]. 沈阳：辽宁美术出版社，1998.

Chapter 2

016
/
033

第二章

外部空间 设计原则和设计要素

External Space Design

康德：

一切知识
都始自体验，

但这并不是说一切知识
都源自体验。

这里的“外部空间”指由人创造的比自然更有意义的外部环境，即“没有屋顶的建筑”。所谓外部空间设计，就是创造有意义的外部空间思维、建构及其相应技术，对于城市而言，就是城市公共空间设计，它涵盖美术学、建筑学、设计学等，需要多学科、多专业的交融互渗。

第一节

外部空间设计原则

何为生态系统？生态系统指一定空间内生物和非生物通过物质循环、能量流动、信息交换而相互作用、相互依存所构成的生态功能单元，它具有调节和恢复稳定状态，达到物质、能量流动态平衡的能力。（图 2-1）

生态系统包括：

生命部分——植物（生产者）；消费者（人、动物）；分解者（细菌、真菌）[1]。
非生命部分——空气、土壤、水、阳光等生物生存环境。

“增长的极限”告诉我们：人口增长、工业发展、粮食生产、资源耗费和环境污染等最终可能将使全世界面临物尽财绝的状况。对此，人类经过不懈的探索，提出应对挑战的生态可持续“5R”原则。

图 2-1 生态系统示意图

一、可持续发展的生态原则—— 5R 原则

其中，减量化原则（Reduce）主要针对输入端，要求从生产活动的源头减少对资源的消耗，减少对自然的破坏，减少对人体的伤害（减少污染）。再利用、重新利用原则（Reuse） 属于过程性方法，主要是指在生产过程中延长产品和服务的生命周期，从而提高产品和服务的效率。回收、循环利用原则（Recycle）属于输出端，这一原则要求生产出的产品在完成其使用功能之后，能够重新变成可以利用的资源而不是没有用处

1」生命的两个基本特征：① 具有一系列可以被储存和复制的化学指令（DNA——脱氧核糖核酸）；② 拥有独立利用周围化学物质的手段——通过进食制造或直接从环境中获得氨基酸。氨基酸在 DNA 遗传指令作用下精确链接成为蛋白质，其中部分蛋白质转化为酶（酶是能极大地加速生物化学反应的催化剂）。

的垃圾，也就是我们通常所说的废品回收利用和废弃物综合利用。上述三个方面（简称“3R”原则）对于提高资源利用效率、减少排放、减少对环境的污染将起到积极的作用，但只解决了现有资源的延长使用问题，并不能保证资源的永续利用。因为在资源总量一定的前提下，即使“3R”原则的减量化，再利用、重新利用，回收、循环能够真正落到实处，资源总是在不断减少，最终仍会被用尽。因此，在实践中还应加上资源的再生性原则（Repreduce）和替代性原则（Replace）这“2R”原则，成为操作性更强的“5R”原则。再生性原则是指在资源的使用中，对可再生资源要在能够保证再生的前提下使用，使资源的消耗速度不高于资源的再生速度。替代性原则是指对不可再生资源应寻求替代性资源，即开发新的资源。

就自然资源而言，可分为可再生资源和不可再生资源两大类。对于可再生资源的使用，在减量化，再利用，回收、循环原则的基础上，必须考虑它的简单再生产乃至扩大再生产。例如，草原、森林、地表水属于可再生资源，在使用上不能竭泽而渔，必须把其再生性问题摆在使用的前位，做到资源在能够再生前提下的合理使用。其次，很多资源是经历了亿万年地球的生化过程缓慢形成的，其更新能力极弱，基本上属于不可再生资源，如石油、矿藏，也称为耗竭性资源。其中某些耗竭性资源在一定程度上尚可回收使用，如铁、铜、黏土等金属和非金属，但是像石油、天然气、煤等能源性资源，使用后不能回收、不能恢复原状，属于不可回收性耗竭资源。不管是可回收还是不可回收资源，他们的储存数量极为有限，因此，我们要千方百计地寻求替代品，如在能源方面，通过开发风能、潮汐能、核能等以弥补石油、天然气、煤等现有资源的不断减少。从这一点来看，替代性原则是从更广泛的领域、更高的层次来解决资源问题，也只有这样，才能保证可持续发展。

“5R”原则是节约、持久、相伴有机结合的生态可持续发展的可操作极强的行为指导原则。在外部空间设计中，环保主要体现在人与自然的亲和及绿化等方面。西方的绿色研究提倡绿色景观与自然融合，让自然也成为景观的一部分，诚如习主席所言：“绿水青山就是金山银山。”与此同时，外部空间设计的生态性原则还应该体现在节约上，现代建筑对能源的巨大消耗以及对生态平衡的破坏所引发的生态问题已成为一个不争的事实。在当今城市化扩张迅猛的发展背景下，如何突破传统的城市扩张模式和规划编制方法的诸多弊端，如何协调在迅速的城市化进程中外部空间设计与日益脆弱的生态环境之间的关系问题，就具有十分重要的战略意义。在此，俞孔坚博士的“反规划”思想值得重视，其对于国际上曾经风靡一时的“城市美化运动”、中国当代出于小农意识和“暴发户”心理所走入的某些景观设计与规划的歧途都有较为清醒和深刻的反思，提出了一整套建立土地与人居相互融洽，努力保持城市可持续发展的生态型景观规划的思路。[2]

2」俞孔坚，李迪华．城市景观之路：与市长们交流 [M]. 北京：中国建筑工业出版社，2003：7.

二、以人的尺度为基准的人性化原则

随着时代的发展和进步，人们更加需要复活人性的空间。这种空间不单是从自然科学的观念或社会科学的观念来研究，还应从创造艺术空间的观点出发来研究人类的存在。美的根本是秩序、比例与限度。我们固有的比例感来自生物需求，为了在复杂的空间环境中生存，我们与其他有机体都有这种需求，尤其是来自判断距离和形状（当它们由于眼睛的构造按远近比例缩放或受到透视法歪曲时）的需求。自古希腊哲学家普罗泰戈拉提出“人是万物的尺度”，模度便是以人体各部分相互间的一系列比例关系延伸到人与物、物与物之间的相互比例关系中。正如古希腊、古罗马依人体比例创造了一系列具有标志作用的柱式建筑，文艺复兴时期的帕奇奥尼认为最美的建筑图形应当取自人体比例，其著作《神奇的比例》前承欧几里得中外比，后启 18 世纪的黄金分割。20 世纪 50 年代初在意大利米兰召开的有众多学者、数学家、美学家、艺术家和建筑师参加的“神圣比例大会”，首次为有史以来在艺术中提出的有关比例和数学的问题建立了根据，“原则，不是武断的简化，而是精细研究的结论，它们将成为一个学说的支柱”[3]。勒·柯布西耶一生沉浸在数学、比例、和谐中，寻求自然中的规律和生活中的规则，他将人的躯体视为自然秩序的一种范式，认为躯体是自然的根本性比例——黄金分割的真实体现。“它使坏的变得困难，使好的变得容易”，爱因斯坦曾经如此评价勒·柯布西耶基于黄金分割和人体尺度的和谐的尺寸系列的模度理论（图 2-2）[4]。对模度的明智运用能够导向某种数学性的情感抒发。

如今，人性化已成为设计界的一个重要标准，无论是简·雅各布斯的《美国大城市的死与生》，还是麦克哈格的《设计结合自然》，最终都是从人的角度出发研究城镇发展的应有趋势，尊重自然也就是尊重人自身的生存环境。人机工程学、智能机器人等领域的开拓创新更是从人的角度出发不断外延着人的智慧和能力。外部空间设计在尊重自然的基础上也更加寻求人性化的尺度比例，更加注重人的参与意识及其心理反应。总而言之，以人的尺度为基准应该是外部空间设计所必须遵守的原则。

人是万物的尺度

3」[英]理查德·帕多万.比例：科学·哲学·建筑[M].周玉鹏，刘耀辉，译，北京：中国建筑出版社，2005.

4」[瑞士]W.奥席耶.勒·柯布西耶全集（第5卷）[M].牛燕芳，程超，译.北京：中国建筑工业出版社，2005.

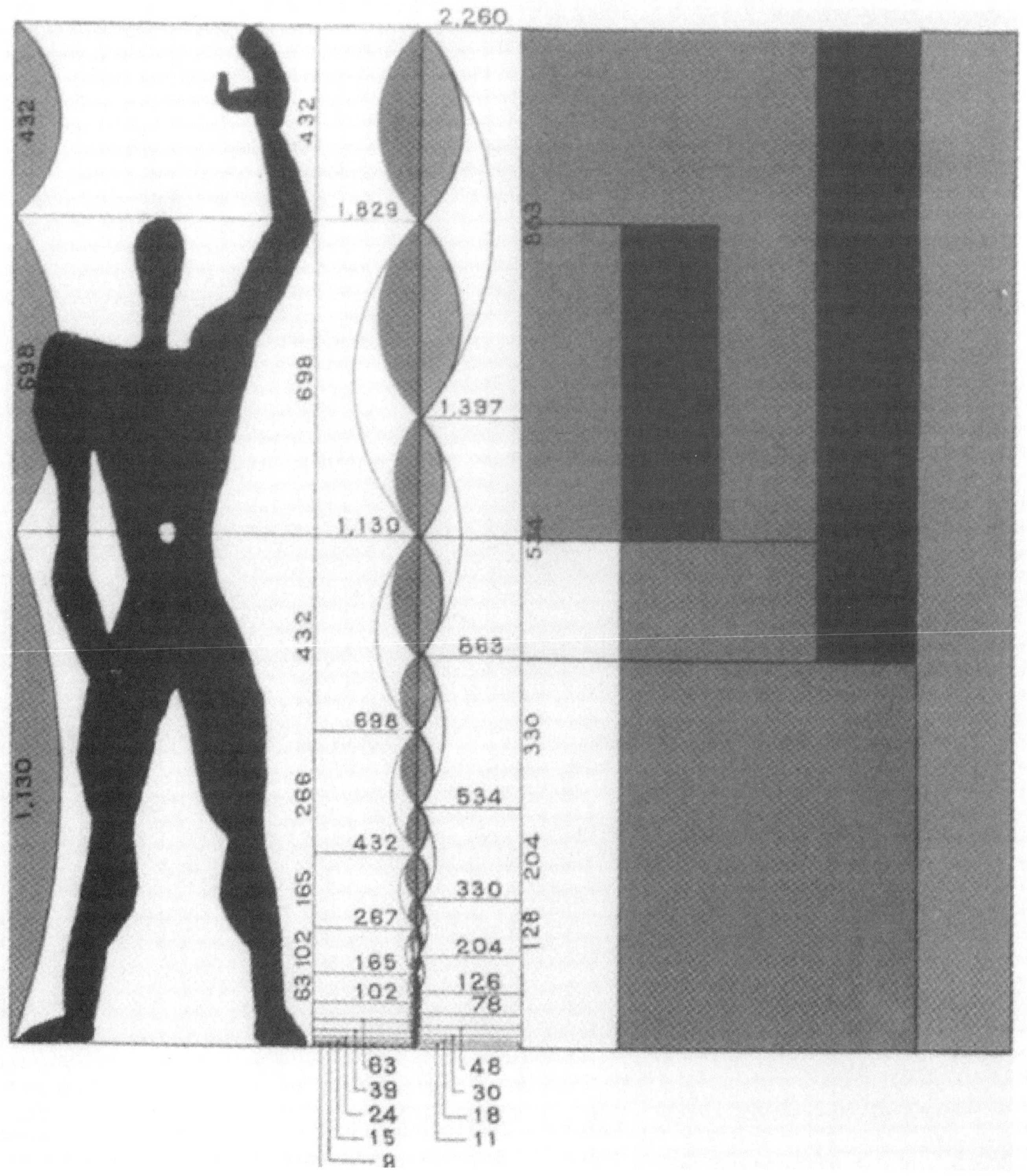

图 2-2 勒·柯布西耶基于黄金分割和人体尺度的和谐尺寸系列的模度理论

三、形式与功能有机统一原则

通常，设计作品的内容即是其功能，而与内容相对的必然是其相应的形式。在设计中要求的“按照美的规律”也主要体现在对形式的创作中。一般来说，人造物的发展大致要经过功能至上、形式至上、功能与形式相互融合三个阶段。每当生产方式发生变革时，设计会重复经历这三个阶段，或以更高的形态重复经历这三个阶段。

目前，大多数设计者已经在形式与功能相互融合方面达成共识。英国工艺美术家威廉·莫里斯就把建筑艺术看作是“霸王艺术”，它包括和完善着其他一切艺术。格罗皮乌斯也主张建筑是综合的艺术：“所有视觉艺术的最终目标是完善的建筑物。”[5]可以说，现代建筑同现代艺术几乎是同步发展的，德国的包豪斯致力于技术与艺术的统一，把建筑、雕刻和绘画组合在一个统一的形式中，在多样性中寻求简洁性，既务实（讲究经济法则）又务虚（追求美的形式）。像弗兰克 · 劳埃德 · 赖特、菲利普 · 约翰逊以及弗兰克 · 盖里等著名的建筑师都是以画家或是雕塑家的身份进入建筑设计这一领域的。

外部空间设计与规划，既是科学，又是艺术，既要充分尊重科学规律，合理设计其实用功能及结构，又必须强调美学因素的重要性。从规划设计的角度来看，评价外部空间设计的优劣，不仅在于环境及相关设施美观与否，还要看其是否有效解决了功能性问题，是否形成了适宜的场所感，使用上是否方便舒适，与周围环境是否和谐，土地资源的开发利用是否合理等。一个真正优秀的景观设计，要体现出继承传统和尊重文化内涵的品位，并非简单机械套用传统的躯壳那样肤浅，各种文化传统和地域文化都可以作为要素“从属于自己”，而在此基础上，不断地创造、更新、发掘出新的艺术意蕴也正是景观设计与规划美学走向成熟和深刻的必由之路。

事实上，形式也只有和功能密切结合，才具有理性的根基。城市景观的感性与理性相结合的美学价值，也只有在功能与形式的相互协调中才能得到充分体现。

此外，设计适度性原则、文化传承性原则、地域化原则等也均是在当代审美文化与和谐社会的城市文化建设实践的有机体中多层次、多方位、动态地提升景观美学的理论建构水平和现实审美价值的重要原则。

5」转引自 [英] 理查德 · 帕多万 . 比例：科学 · 哲学 · 建筑 [M]. 周玉鹏，刘耀辉，译，北京：中国建筑出版社，2005.

第二节

外部空间设计要素

一、外部空间设计必不可少的两个方面

我们说外部空间是“没有屋顶的建筑”，那么，显然地面和立面就成为外部空间设计必不可少的两个方面。

1. 地面——高差变化，平面布局，地景元素的排列组合等。
2. 立面——竖向实体的造型、色彩、光影等。

二、外部空间设计五要素

凯文·林奇在《城市意象》一书中将城市意象及其元素具体归纳为节点、标志、道路、边界和区域五大要素，认为它们是形成外部空间意象的主要因素，理所当然地也就是外部空间设计的重点，下面就分别给予概要性介绍。

（一）节点

节点是观察者能够由此进入的具有特殊意义的点，也是人们往来行程的连接点（如道路交叉或汇聚点）和驻留休息的集结点（如街角集散地或广场）。某些集中节点成为一个区域的中心和缩影，其影响由此向外辐射，它们因此成为区域的象征，被称为核心。

很多节点具有连接和集中两种特征，节点与道路的概念相互关联，因为典型的连接就是指道路的汇聚和行程中的事件。节点同样也与区域概念相关，因为典型的核心是区域的集中焦点和集结的中心。

城市设计必须关注城市的空间——广场和街道。在城市空间中，一个强烈的垂直音符——一座纪念碑、一个喷泉、一座雕塑——能够对周围形成张力并将空间聚合在一起，唤起人们对一个广场的印象。从这个角度看，被设计用作向心要素的积极因素似乎应该是雕塑、柱子或建筑物而不是空间。但是，反过来，就整体而言，这些向心要素以及围合街道、广场的建筑物所要拱卫、烘托和表现的又恰恰正是“无之以为用”的空间体。（图 2-3）

人是万物的尺度

西特发现古代城市广场的平均尺寸是57×143米，并满足视知觉的感知要求（识别身体姿势的最大距离是135米）。很多令人愉快亲密的广场，可以小到15~21米（这也是古希腊神庙的高度），这类广场在给人亲切、安全感的同时，又充分显示出神庙的高大和威严（45° 仰角）。可以看清楚一座建筑物的最大角度是27° ，或者是在一个其两倍高度的距离上。如果广场的宽高比是4 ：1，一个处于中心的观察者就能够转动并欣赏空间的所有面。但是，如果目标是欣赏广场墙面的全面构图或者是几栋建筑物，观赏的距离就应该是建筑物高度的三倍。阿尔伯蒂认为广场的高宽比应该在$^1/_6$~$^1/_3$。

圣马可广场的空间变化很丰富。从城市各地，都要经过曲折、幽暗的水巷才能来到广场。一旦踏进不大的券门，就会突然感到置身于宽阔的空间中。广场是封闭的，但是东南角上的钟塔和它的敞廊仿佛掩映着另一处胜境。绕过钟塔，便是小广场，两侧连绵的券廊导向远方，一对柱子标志小广场的南界，它们也丰富着景色的层次。向前来到河口岸边，千顷碧海，白鸥自由出没。作为对景，修道院的尖塔圆顶，完成了最后一幅图画。小广场的北边是圣马可大教堂的侧面和钟塔，西边是着一色的市政大厦包围着的圣马可广场。教堂和钟塔，既是两个广场的分隔者，又是它们的联系者。总督府、图书馆、新旧市政大厦和它们之间的连接体，都以拱券为基本母题，都做水平分划，都有整齐的天际线，都长长地横向展开。形成了相当单纯安定的背景。在这幅背景之前，教堂和钟塔像一对主角，在舞台上扮演着性格完全不同，却又互相依恋的角色。钟塔是那样伟岸高峻、气度不凡，教堂又是那样盛妆艳饰、活泼热情。它们都需要对方的补充，以淋漓尽致地展示着自己的性格，它无愧于“欧洲最美丽的客厅”这样的赞誉（图2-4）。

图2-3 纽约中央公园（绵羊牧场）

图2-4 圣马可广场

克利夫·芒福汀认为，公共广场是“最重要的城市即宗教建筑物的背景环境，一个为良好雕塑、喷泉及照明准备的场所，而最注重的，还是一个人们相会及社交的场所。当这样的公共场所在设计的时候，依据一些公正的原则及浸透一个场所的感觉，它们承担着一种附加的象征意义”[6]。梵蒂冈圣彼得广场是“公正原则”与“场所感觉”、审美与实用功能相协调的范例（图 2-5）。现存的建筑始于 1506 年，历时 120 年，于 1626 年完成，凝聚了包括伯拉孟特、米开朗琪罗、拉斐尔、贝尼尼等在内的一大批伟大的建筑、雕塑、绘画艺术家的心血。其中贝尼尼设计的入口广场由梯形的列塔广场与两个半圆及一个矩形组成的椭圆形博利卡广场复合而成，这一杰作为从正面展望大教堂的主穹顶开阔了视野，从而使大教堂显得更加宏伟多姿。广场空间中的主要特征是围合博利卡广场的两个巨大椭圆形柱廊（由柱高 15 米的 284 根古罗马塔司干柱式组成），仿佛两个巨大的保护形臂膀伸展开来，环绕、拥抱并欢迎着基督的朝圣者。地面上的图案八条放射形轮辐在方尖碑上集中，和其他垂直要素紧密关联。从周围的柱廊进入博利卡广场，还可以感觉到一些构图上的戏剧效果：列塔广场抬高朝向圣彼得大教堂，抬高的节奏和步调被突出约 76 米，而列塔广场的两个侧翼分叉通向教堂主立面，不仅淡化了地坪标高的变化（感觉地面是平坦的），还使得接近圣彼得大教堂的人，感觉两个侧翼以合适的角度指向建筑，这个结果是虚假透视造成的视觉幻象。

类似的“反透视”也出现在米开朗琪罗设计的罗马卡比多广场上（图 2-6）。广场呈梯形，进深 79 米，两端分别是 60 米和 40 米。除了开敞的一面，两个主要的角部也是开敞的，然而，通过侧翼建筑柱廊墙面的有效遮挡，以及“反透视”的视觉矫正，使人们在走近大梯步的时候，不仅有良好的围合感（建筑物实际的张开确保了环形建筑布局一个不间断的视觉景观），而且广场给人的感觉是一个矩形而非实际上的梯形，在视觉上有突出中心、把主体建筑物向前推进之感。并且，铺地图案的娴熟技巧抵消了空间形状的不规则（图案是一个凹陷的椭圆，带有一个从马库斯·奥雷柳斯雕像放射出来的星形）。如果缺少了椭圆的形状以及它的二维性，星形的铺地图案，还有周围精心设计的台阶的三维放射性，就不会有设计的统一和协调。卡比多广场是山地城市空间艺术的一个范例，在基地的诸多限制条件下，通过大梯步、雕塑、建筑、地面铺装有机整合，因势造形，创造了一件不破坏既有文化遗产的、伟大的山地城市空间艺术作品，在这里，古典秩序得到完美体现。

6」[英]克利夫·芒福汀．街道与广场[M]．张永刚，陆卫东，译．北京：中国建筑工业出版社，2004.

图 2-5 梵蒂冈圣彼得广场

图 2-6 罗马卡比多广场

（二）标志

标志通常是一个简单的有形物体（如建筑、雕塑、山峦等），是在许多可能元素中挑选出来的突出元素。标志物经常被用作确定身份或结构的线索，随着旅游业的发展，人们对标志物的依赖程度也越来越高。

作为标志的山地城市雕塑离不开意、象、形三位一体的审美表现，其位置、尺度、比例、体量等的认定是城市雕塑成功的指标。以乐山大佛为例（图 2–7），乐山大佛的位置选在青山环抱、卧佛状的山体之肚脐位置中，不上不下、不偏不倚，把偌大的山做整体考虑平衡于一点；倚山临江的位置，又应合于中国传统的风水学说，无论从理法的角度还是从天时地利的因素来考虑都有其独到之处。乐山大佛采取坐姿，约 40 米高，头长 8 米，端庄大方，比例均称，与山体浑然天成。在这里，山地环境下的观赏视角以及远、中、近视点被充分考虑，表现出高超的艺术想象力和精确的设计能力。

大型公共雕塑的意境形成离不开与观赏者审美感情密切关联的远、中、近三个视距指标。远观取其势，能看到雕塑的整体轮廓和动态气势：隔江远望，山形似卧佛；佛隐于山间，天然的卧佛山形与人工的坐佛造型相得益彰，一坐一卧，一抽象一具象，共同构成了一种神奇的意境；乘船近望，观赏者取其形，能较全面地把握雕塑形体及表情神态，山形隐去，石佛巍然，气势庄严足以威慑人心，造成这一景象的是超人的尺度和巨大的物质感；上岸仰望，雕塑的各个局部都得到完整呈现，能使观赏者取其质，只见佛眼微睁，半开半合，全然一派冥想的意态，不仅如此，观者还能体察到雕塑的工艺技巧和肌理美感。正是由于这不同距离、不同角度和不同视点的观赏，使其意境步步展现和深化，层层引导和推进，使物、我两个因素在互动中得到升华。

一切视觉定向及其把握都是从对易于理解的简单图形和色彩的处理开始的。虽然，艺术作品本身几乎没有提供与眼睛的关系，但比较成功的艺术从作品里面引出关系，作品要求观赏者用自己的头脑来补充一些作品本身并不具备的复杂的东西。寻求简约、整体的图形及其组合是“成象”[7]的基本原则。简约首先指以基本图形来规范、限制雕塑的大形和整体影像，整体则是指编排并控制基本图形的各种组合方式、组合效果及其相互关系，它囊括了主从、均衡、节奏、韵律以及更为基本的比例、尺度和颜色深浅、冷暖协调等空间关系。任何局部的复杂都可以概括、收束为整体的简单。反过来，任何整体的复杂也是由简单的局部有机复合而成。大型山地城市雕塑设计与观赏必须充分考虑山地的因素（如山体作为载体、基座、背景等情况），注重各种形式的巧为因借，以及雕塑自身的光影效果和透视变形的矫正等，充分考虑不同视角、不同视距的观赏效果，避免山际线、道路、堤坝等横穿雕塑的重要部位。

组团式的城市雕塑与音乐构成的规律有相似之处。一个乐章是由许多乐句组成，一个乐句又是由若干音符遵循一定感情和乐理（节奏、休止、延长、加强、减弱、滑音及升降半音等）创作而成的。而一个组团式雕塑，也是由许多空间体构成的，这些空间体就相当于一个个音符，也遵照一定的感情和形式法则组成统一的轮廓。正如文章的谋篇布局有起承转合，有平铺，有高潮，有结尾，山地的外部空间设计无论在形态构成还是动线编排上依然需要遵循这个一般性原则。城市设计、环境规划、艺术空间的创造除了全局意识，还要分清主次，把着力点集中到关键地段和关键位置上。无论山阴小道，还是大山大水，奇景并非目不暇接，总会有高潮，有平淡。平淡处犹如乐曲之休止符，仍是不可或缺的部分，是走向高潮起伏的过渡与准备。

同样的“意”可以用不同的“形”来表现，反之，同样的“形”也可以表达多重意义与象征，山地城市空间艺术设计的“成象”就是要在各种符号——象征组合中“悟”出最美、最佳的那一对组合，这就要求做到既“审式（成象）”，又“度势（尽意）”。“千尺为势，百尺为形”，在不同的空间层次中，把握不同的尺度、比例要点，控制不同的构图重点。远观重轮廓，近看重局部，在城市的层次中，要充分利用和保持山川变化的宏大气势，在社区、近距离范围内则需要对空间构图和具体形象进行仔细推敲，兼顾整体与整体、整体与局部、局部与局部的空间关系。

7」所谓“成象”是在知觉思维层面通过“式——势”关联寻求形与意的最佳匹配与统一。它既是保证符号主体间性的关键环节，也是诱发创造性思维的温床。无论我们愿意与否，远古的形式法则始终都在无形中左右我们的设计，数、图、色的“式——势”关联也始终伴随着建构、解构、调适与重构的“成象”过程，发现“人类情感的表现性形式”有赖于这些先验结构图式，这也是空间艺术形象是否感人情怀的关键，但突破与超越已有的知觉思维惯性才是艺术创造的前提。

山地特色的街道

（三）道路

道路包括机动车道、步行道、高速干线、铁路线等，是外部空间意象中的主导元素。人们正是在道路上移动的同时观察着周边环境，而其他环境元素往往也是沿着道路展开布局。（图 2-8）

道路空间具有强烈的指向性和连续性，结合神庙、寺院、陵墓等建筑构成通往法老、诸神、上帝的通道。

图 2-7 不同视距、视角的乐山大佛

图 2-8 重庆交通

中国寺庙组群还常在寺前的主要干道上结合自然山水营造气氛，将其打造成寺庙建筑和寺庙园林的景观序幕。乐山凌云寺根据自身所处的地形条件，因势利导地沿崖人工凿出了一条长达数百米、自下而上高差约 70 米的引人入胜的长香道，沿途精心布置了凌云山楼、观音洞、龙湫岩、龙潭、雨花台、弥勒殿、载酒亭等诸多景物、景点；并且还利用崖壁雕凿了“回头是岸”“阿弥陀佛”“耳声目色”“凌云直上”等摩崖石刻。整条山路时而飞下水帘溅入龙潭，时而滴水落入雨花台池。不仅如此，穿行于临江陡壁，还可以近瞰三江，远眺峨眉，而且自身也包含着多变的景象和丰富的内涵，积淀着富有情趣的历史文脉。可以说，整个凌云寺香道充分抓住了崖壁地形特征和自然山水特色，加以人工剪裁，调度林木、崖壁、建筑、山洞、磴道、小潭、滴水、崖刻、佛雕等，组成了完整的景观序列和明暗、收放相间的空间节奏，成为一条兼具自然景观与人文景观的山地步道。（图 2-9）

（四）边界

边界是线性要素，是两个部分的边界线（如天际线、水岸线等），是连续过程中的线形中断（如道路线、铁路线、开发用地红线、围墙栅栏等）。边界元素尽管不如道路元素重要，但它在组织特征中具有重要作用，它能把不同区域连接起来（如城墙边的轮廓线）。（图 2-10）

实际上，最具吸引力的山地城市往往有着非常不规则的建筑立面，但这种不规则性又经常被控制在一定的高度范围内，因此既有统一感又避免了单调乏味；同样，重复尺寸相近的建筑组群或由建材、色彩等决定的块面，能够建立起某种节奏和韵律，同时建立一种肌理，并形成一个能包容和规范变化的框架。（图 2-11）

（五）区域

作为二维平面，区域是城市内中等以上的分区，观察者从心理上有“进入”其中的感觉，因为具有某些共同的能够被识别的特征，这些特征通常可以从内部确认，从外部也能看到并可以用来作为参照。通常，人们都是使用区域的概念来组织自己的城市意象。（图 2-12）

对于不同的观察者或者处于不同的观察环境中，某个特定要素也可能发生改变。快速路对于司机而言是道路，但对行人而言则是边界；一个中等规模的城市，其中心区可能是一个区域，但对于整个大都市来说，它只能是一个节点。现实生活中，上述个别分析的元素类型都不会孤立存在，区域有节点组成，其范围由边界限定，道路穿行其间，四处散布着标志物，元素之间有规律地相互重叠穿插，它们最终构成一个整体的外部空间意象。

山地城市空间

图 2-10 四川美术学院大学城校区

图 2-9 乐山凌云寺香道收放相间的景观序列

图 2-12 鸟瞰巴黎

图 2-11 不规则立面的限定和材质、色块的重复——中山、福宝阆中、李耶古镇

三、外部空间设计的度与限度

“度”有多种解释，如度量衡计量长短（量是计量容积，衡是计量轻重），事物所达到的水平或状况（高度、浓度、深度、知名度），法度、制度，人的气质或姿态（风度、态度、气度），空间的维度等。“度”的哲学解释为：度是质和量的统一，是事物保持其质和量的界限、幅度和范围。这种统一表现在：度是质和量的相互结合、相互规定。可见，“度”首先指事物恒定不变的一定的条件范围，说穿了是一种均衡态，犹如天平，事物在平衡中求得稳定。而限度则是度的端点、界限，规定的最高或最低的数量或程度。在限度范围内，量的变化不会引起质的变化，反之，超出此范围，则由量变引起质变。

万物之不同，在于基本粒子的构成关系（结构）的不同，量变与质变相互区别的根本标志就在于：事物的变化是否超出了限度。反映在空间现象上，就是尺度、比例、秩序等关系。狄德罗认为，美在关系。事实上，我们也可以说丑在关系，关键在于什么样的关系，也就是关系的限度。传统儒家哲学讲“中庸”“中和”，规避“物极必反”“过犹不及”，“和而不同”则干脆把对立的双方视为互补的整体，这就意味着美和丑这对互补的矛盾同样可被视为一个整体。在实践过程中，要掌握适度的原则，要学会把握分寸，然而，这也是最难的。因为在限度的临界处往往是一个浮动、模糊、随机的状态，就好比不同海拔高度下水有不同的凝点和沸点，不同的心情导致不同的空间印象，抽象的形体蕴含多层意思等。所以，通常来说在“度”的范围内我们能够有效把握事件、事物的性质和状态，恰恰是在微观的临界情况下，犹如海森堡不确定性原理，我们难以甚至不可能把握事件或事物的变化。

空间艺术中就存在着45°仰角以及诸如圆周率 π、黄金分割 ∮ 等无理数。前者涉及观看的模糊上限以致必须进行“用力”的仰望运动方能看清对象，而后者则是“先天”的不可穷尽；前者涉及优美与崇高的分野，后者涉及只能趋近但不可及的优美。更何况，即或在有形物质实体的内部，绝大部分依然是无形的空间，因此，限度上的那个点、那条线或那个面，极有可能就是微观量子世界的“空”，这在数学上就意味着虚数。同样，为避免物理定律在奇点处的失效[8]，必须引入虚时间的概念，因为“只有生活在虚时间里，才不会遭遇到奇点。……这些也许暗示所谓的虚时间才是真正的实时间，而我们叫作实时间的东西恰恰是子虚乌有的空想的产物”[9]。且这种情况下“时间和空间的区别完全消失”[10]。也就是说，我们目前根深蒂固的时空宇宙观念本质上不过是一个理论的数学模型，一种解释。而事实上，还存在多种可能的、超乎想象的宇宙模型和解释，因此，也必然就有可能存在更为本质的虚的度。空间艺术的简与繁、少与多之类的纷争不过是自然或者说美的规律的多样与统一相互渗透、转化所致，孰是孰非在于“度”的把握。而“度”的模糊反过来又使得美难有定论，“人们谈论得最多的东西，每每注定是人们知道很少的东西，而美的性质就是其中之一”。美的本质成了美学理论中的一个既充满魅力又不断令人疑惑难解的“哥德巴赫猜想”。

8」按照相对论的预言，空间、时间、能量、物质和光这五种要素最终全都会被迫集中、收缩、聚集成一个几何点——奇点（黑洞），在奇点处一切物理学定律失效。

9」[英]史蒂芬·霍金．时间简史（插图本）[M]．许明贤，吴忠超，译．长沙：湖南科学技术出版社，2002：172.

10」同上。

今天的科学技术已经构成了现代世界的图像，构成了人们生活中不可或缺的部分。当科学技术所提供的方便导致人们难以割舍的依赖的时候，对人就形成一种宰制的力量。现代人被种种知识、技术所笼罩，对存在者如何存在缺乏敏感和切身体验，生命中的那种原始冲动、那种精神力量，因科学技术的发展而逐渐走向萎靡。“文字和语言，不管是写下来或者是说出来，在我的思想机制中似乎都不起任何作用”“把我们引向深入的只能是大胆的思考，而不是事实的积累”“想象力比知识更重要”等一系列爱因斯坦的观点，一方面说明线性逻辑思维在遭遇非线性、非逻辑的现实时的困顿与无奈，另一方面也说明了离散的、跳跃性的形象思维的必要。在此，不妨大胆设想，科学中的量子或然性和不能完全证明似乎正好应对着艺术的多样性和变幻莫测，而科学的形而上和主观性又似乎应对着艺术的直觉与想象。无论从哪个方面看，它们皆指向真理的多面性，指向某种有限与无限，而有限的是理性逻辑、小心求证，无限的是感性思维、大胆想象。或许，通过对“尽在不言中”的空间艺术的关照，同样存在于纯粹的感性直观和大胆的直觉想象中，能够如数学渐近线般地无限接近真理。

如果人的生命不仅仅是逻辑、功利和感性，如果我们还要坚持意义选择的自由，还想过上一种美感的、诗意的生活，我们就必须认识自己，思考如何审美以及审美的过程。

资料来源：

图 2-2：[瑞士] W. 博奥席耶 . 勒 · 柯布西耶全集 (第 5 卷) [M]. 牛燕芳，程超 , 译 . 北京：中国建筑工业出版社，2005：19.

图 2-3：[美] 伊丽莎白 · 巴洛 · 罗杰斯 . 世界景观设计：文化与建筑的历史 [M]. 韩炳越，曹娟，等，译 . 北京：中国林业出版社，2005.

Chapter 3

034
/
077

第三章

外部空间设计基础

External Space Design

亚里士多德：

“求知是人类的本性。”

在求知的过程中，

除了理性，

我们首先

求助于感性，

“而在诸感觉中，尤重视觉。”[1]

作为天地之中介和生命的代言者，人被赋予了创造、体验空间的能力，创造空间也就是创造人类自身的生活环境。同一个物理空间可以生成不同的知觉空间和意义空间，反之，同样的意象空间也可以用不同的物理空间予以表现，这取决于我们的态度和意识。要获取对实在的直观性把握，创造性地呈现人的生活和内心世界，就要依赖艺术。

1」[德] 恩斯特·卡西尔．人论 [M]. 甘阳，译．上海：上海译文出版社，1985：4.

第一节

尺度比例

圣·奥古斯丁说："美是各部分的适当比例，再加一种悦目的颜色。"比例表示物与物之间的关系，表明各相对方面的相对度量关系，在美学中，最经典的比例分配莫过于"黄金分割"；尺度表示物与人（或其他易识别的不变要素）之间的关系，不需涉及具体尺寸，完全凭感觉来把握。比例是理性的、具体的，尺度是感性的、抽象的。

一、视觉基本原理

（一）视力

研究视觉，涉及心理学、生理学、生活习惯、感知和其他有关概念的一系列问题。

现代空间概念：空间 + 时间 + 感受或意念——"五度空间"。

人的视力与视角大小有关，通常以视角大小来表示人的视力。

视角、视距、物像的关系如图 3-1：

α 表示视角，D 表示视距，H 表示物像尺度。

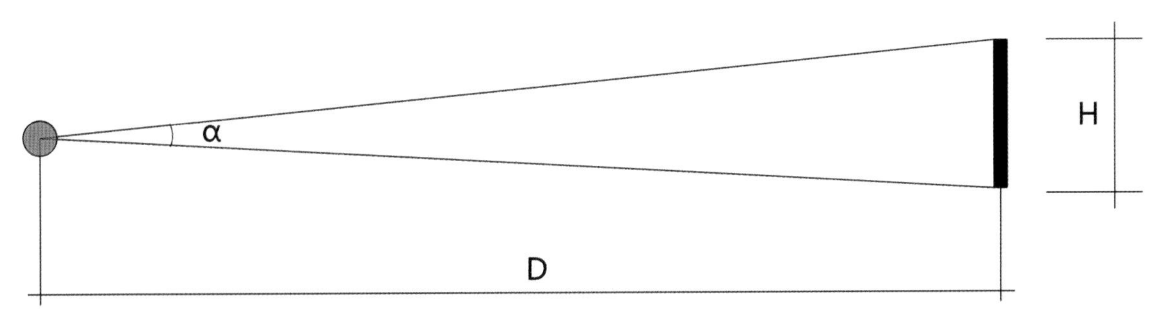

图 3-1 视角、视距、物像关系

比例与尺度

图 3-1 中视角、视距、物像尺度三者的关系为：

$360/2\pi D=\alpha/H$，$\alpha=180H/\pi D=57.325H/D$(度)$=57.325\times 60\times H/D$（分）

$=3440\times H/D$（分），

即 $\alpha=3440\times H/D$（分），$D=3440H/\alpha$

通常：

看物像的视角为 6′时，$D=3440\times H/6=573H$；

看物像的视角为 4′时，$D=3440\times H/4=860H$。

这个算式说明当物像尺度确定，则视距是物像尺度的 573 倍（或 860 倍），这也是一般情况下看清物像的最远距离。

当物像（嘴宽）H=60 毫米，视角为 6′时，视距 D=573 × 60 毫米 =34380 毫米 =34.38 米，约为 34 米。

34 米，就是通常规定的歌剧院的最大视距。

通常：

α =6′，在室内能清晰地观察物像。

α =4′，在室外能清晰地观察物像；

以下是视角为 6′或 4′时的物像及其相应视距

物像尺度（约数）	所观察的对象	视距 D 值	应用的情况	视角
1 cm	细小物体	5.73 m	展览品、艺术品欣赏	α =6′
2 cm	两支粉笔间距	11.46 m	教室最佳视距	α =6′
3 cm	不化妆的人眼	17.19 m	话剧院最佳视距	α =6′
4 cm	化妆后的人眼	22.92 m	话剧院理想视距	α =6′
6 cm	嘴宽	34.38 m	歌剧院最大视距	α =6′
10 cm	手掌宽	57.30 m	演奏、杂技、技巧	α =6′
15 cm	头部宽度	85.95 m	舞蹈、音乐演出	α =6′
22 cm	足球直径	126.06 m	观看足球比赛最远清晰视距	α =6′
22 cm	足球直径	189.20 m	观看足球比赛最大视距	α =4′
170 cm	人的站高	1462.00 m	看人的动态极限视距	α =4′

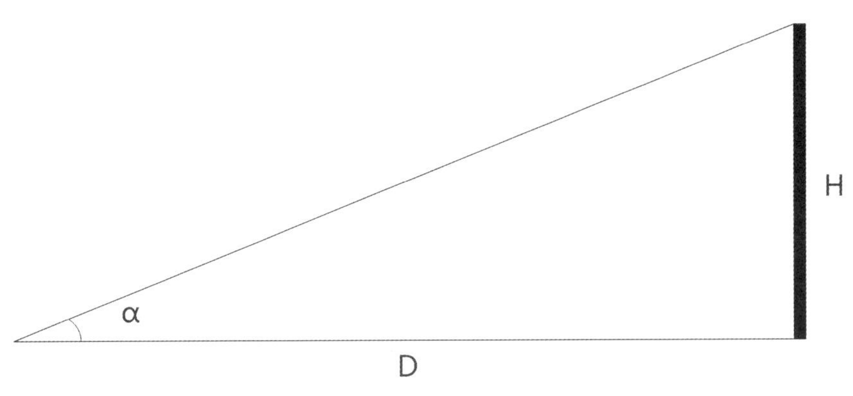

图 3-2 垂直视角下的视角、视距、物像关系

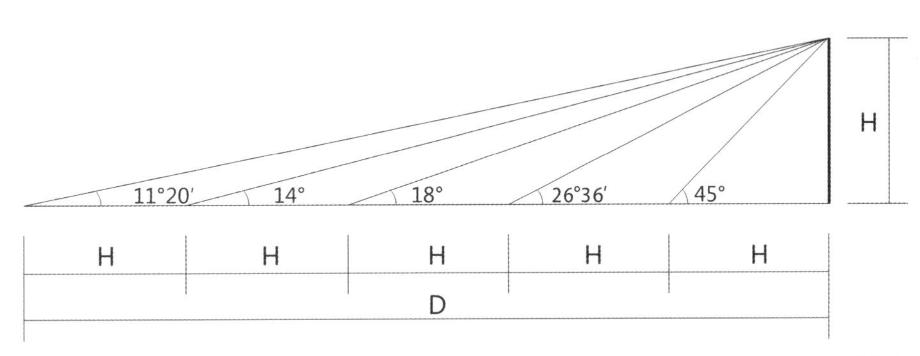

垂直视角	视距 / 物像比	观察效果
45 °	D/H=1	观察物像细部、局部
26 ° 36′	D/H=2	观察物像主体
18 °	D/H=3	观察物像轮廓
14 °	D/H=4	观察物像整体
11 ° 12′	D/H=5	观察物像与环境的关系

图 3-3 不同视角、视距下的观察效果

（二）视野

由于双眼效应，垂直视野与水平视野有明显差别，且离视觉中心越远，物像的变化就越不均衡。

1. 垂直视角（图 3-2、图 3-3）

当 D/H ＞ 5，视野范围内目标分散、干扰因素多，只能研究物像大体气势，通常用于研究环境景观，且此时以动视野为主。

当 D/H ＜ 1 时，被观察物像容易产生透视变形。

实践中也有以视距作为控制要素：

D=20~30 米，观察物像细部；

D=30~100 米，观察物像主体；

D=100~300 米，观察物像整体；

D=600~1200 米，观察物像整体及环境；

D ＞ 1200 米，研究环境景观，只能分析景物的高低层次。

若以人际距离来分析，情况又有所不同，如：

0.45 米——搏斗、亲密交谈；

0.45~0.6 米——夫妇、男女亲密关系等；

0.6~1.2 米——安全距离；

1.2~2.1 米——社交距离，办公室交谈；

2.1~3.6 米——谈判、自由会谈；

＞ 3.6 米——公共距离，讲演、仪式。

下面我们就几个特殊情形来进行具体分析：

① 30°、45°、60° 仰角

视觉世界之所以不同于物质世界就在于生理和心理的作用。感觉到的外来物像经过先验结构或观念的“完形”进入心理空间，关联到情感、意象；从视觉生理上看，视野中央最为敏感和清晰，越到边沿越模糊，物像越远，其尺度、外形变化就越小（图 3-4）。物像的尺度由视距与视角共同判断，视角大小不同以及视距差别并不能改变物像尺度，但感知上却有远近、大小的差别。五代后梁荆浩《画山水赋》中的“远人无目，远树无枝”反映的是远近透视，“丈山、尺树、寸马、豆人”既反映物像间的比例关系，又体现了远近关系。对于城市公共空间，垂直视角是艺术体验的一个重要因素。就人与城市空间中的建筑、雕塑而言，因建筑、雕塑一般尺度较大，加上台阶、基座、地势等影响，相比之下，视平线以下部分分量较轻，一般取视平线以上的垂直视角进行分析。

事实与经验告诉我们，理想的观赏视角为 27° ~ 30°，即物像高度为视距的 1/2 左右。从视野图上可以看到，60° 视锥范围内为注视中心，有最佳的水平视角和垂直视角（上 27°、下 35° 及水平 54° ~ 60° 夹角），且在这个静观范围内观赏物像基本能够保持物像不变形，这就从生理机制上进一步保证了经验判断的正确性。就城市空间中的广场、街道而言，此时为封闭感的界限。当建筑物高度（H）与视距（D）之比等于 1/2 时，有良好的围合感和安全感，反之为开敞空间或压抑空间。

视觉如果偏离中心视轴（最高敏感区）哪怕只有几度，其敏感性就迅速降低。以垂直视域清晰与否的水平线以上 30°（上、下共60°)为限，仰角小于30° 正好在自然、清晰直视的限内，而仰角大于 30°，超过直视的清晰范围物像则开始显得虚幻模糊。当建筑物高度（H）与视距（D）之比为 1（仰角 45° ）时，空间有最佳封闭感。当仰角超过 45° 后，因视野及睫毛的原因，视线开始明显模糊，不确定性增加，物像明显变形，导致朦胧、异样、神秘的印象。而欲看清物像，要么上转眼球，要么抬头仰脖，两种生理上的受力最终都会转化为相应的心理力象。完形心理学指出，人类心理上总是有一种追求平衡的惯性以缓解观看中的紧张情绪，而对整体形象的追求也导致所谓的“完形压强”。45° 角以上的物像无论从生理方面还是心理方面都超出了平衡和整体的观看限度，超出了人的掌控范围，再“对照”先验结构的“象”层面和潜意识遗传的因素诸如飞禽袭击、巨石滚落、主从落差等可以想象的原型记忆（过去经验），敬畏、崇高之感便会油然而生，构成与“力度——崇高”相呼应的“生理——心理”关系。巴特农神庙广场与建筑（包括台阶）在整体上均保持 45° 左右仰角的空间关系（希腊广场一般进深 22 ~ 24 米，且符合看清人物面部表情的空间尺度，而神庙建筑高度一般为 20 ~ 22 米）。

45° 仰角在人、物尺度关系上往往就是衡量情感上的优美与崇高的一个相对的限度。几千年来，无论是西方的神庙广场还是中国的传统院落，乃至山地古镇的建筑街道，都处处可见类似的这种空间限度（图 3-5）。到了今天，随着道路的扩宽和建筑的增高，在可能的情况下，依然通过步行路沿与门面、道路中线与裙楼等维系着这样的空间尺度关系（图 3-6）。不过，在 45° 以内，人们仍然可以从观察对象的人、物之间悬殊的比例关系或者说尺度关系，通过移情的作用，感受到物像的巨大（图 3-7）。

60° 视角在纵向上会产生明显的透视变形，有千钧压顶、寄人篱下的心理感受，但它是把握物像水平理想尺度的一个限度。水平视角在理论上为垂直视角的两倍。按照视野图， 保持物像不变形，有最佳水平视角和垂直视角的注视中心就在 60° 视锥范围内，此时，理想仰角为 27° ~ 30° ，理想的水平视角为 54° ~ 60° 。这也是设计过程中物像主立面中主体部分的水平限度。

从审美心理上看，自然的尺度感意味着形式平易近人，偏重于实用与理智；迷人的尺度感是由优美的形式造成的，其特点是温馨可亲；撼人的尺度感来自壮美或凌厉的形式，其原有的巨大性或超越人的精致度，被看作是超越自然的姿态，实际上是以超常的尺度象征某种神秘的能量，从而引发人们的宗教感和敬畏感。

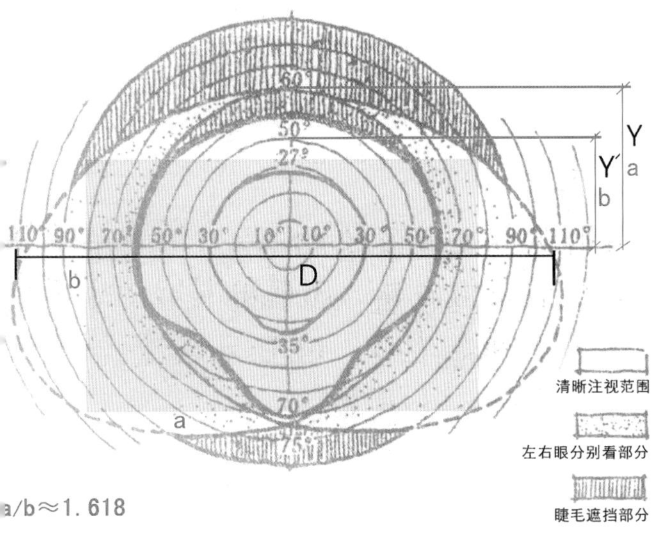

图 3-4 视野图

图 3-5 具有最佳封闭、安全感的街道、庭院

图 3-7 由比例营造出的宏大崇高

图 3-6 现代商业街面与建筑裙楼的仰角关系

在实际设计构思过程中，对任何物像的观察都要考虑远观、中观、近观三个方面的要求：近观环境主要在于加强艺术主体的表现，中观环境侧重于艺术整体组合的控制及其图底关系，远观环境则要考虑艺术主体与整个山水地貌的总体环境关系（图 3–8）。为了全面地对视觉环境加以权衡，按照物像高度 H 与视距 D 之比分别为 D=2H、3H、5H 作为近、中、远三个控制限定。理论上，H/D 为 1/5（垂直视角 11° 20′，水平视角 23° 40′）是观察物像与环境的总体关系尺度；H/D 为 1/4（垂直视角 14°，水平视角 28°）是观察物像轮廓的尺度；H/D 为 1/3（垂直视角 18°，水平视角 36°）是观察物像整体的尺度；H/D 为 1/2（垂直视角 26° 36'，水平视角 54°）是观察物像主体的尺度；H/D 为 1（垂直视角 45°，水平视角 90°）是观察物像局部、细部的尺度，且这时水平视角较大，需在动态中观察。总之，在不同的控制范围，对空间艺术及环境景观有不同的要求。

至于山地形态，更要相应地考虑平视、仰视和俯视的效果。古人云“千尺为势，百尺为形”，“千尺为势”系指利于远观的大的走势——山形龙脉走势，山中盆地、坝子走势，河流湖岸、水的走势。“千尺”约为现代尺度 330 米，通常情况下人的视角为 6°，是人眼最敏感的黄斑视域，也是当代建筑外部空间设计及景观设计避免空间艺术美学效果降低、出现空旷感的极限视角。大而远的空间重在气势，即艺术构筑物的整体关系以及整体与大山大水的环境关系，注重气势的生成与贯通。在视觉环境中注意定点、定位、定向，开阔视野，疏通视线，以求得最佳的视觉通廊和景观效果。“百尺为形”，百尺合 33 米左右，利于近察建筑、雕塑、广场、开阔地等。这个尺度也正是当代的建筑外部空间设计所公认的近观视距的限制标准，也是看清人的面目表情和建筑细部的限制尺度，现在的影剧院设计和建筑装饰设计也按此标准进行。古代的形与势都有自己的尺度感和平衡范围，否则就会相互冲突，影响整体与局部的构成关系。

2」亢亮，亢羽．风水与建筑 [M]. 天津：百花文艺出版社，1999：277.

远观势，近察形，应全面掌握地貌特征。风水学划分常以山南、水北为阳地，山北、水南为阴地，地域、地段的环境气场性质，多由上述山、水关系定性。风水形势说还认为“盖形者势之积，势者形之崇”“势为形之大者，形为势之小者”“聚巧形而展势”[2]。形与势要呼应，还有另一层含义，空间艺术物像应与地势地貌相协调，对美的景物做好“借景”，反之“障景”布局，“趋吉避煞”。对形与势的关系，应该“以形造势”，讲究气韵生动，富于变化，“以势制形”强调秩序和谐，照应统一。中国传统城市大多纵横接地铺列，只要看看建筑轮廓的高低起伏，自然山水的律动变化，或登高临下横观纵览，形与势的辩证便会一览无遗，让人体味无穷（图 3–9）。

② 黄金分割

黄金分割的含义是整体与较大部分之比等于较大部分与较小部分之比，确切的关系式及其解为（a+b）/a=a/b ≈ 1.618（其中：a ＞ b），或者反过来为 0.618（用 ϕ 表示），其意义在于规定并统一了整体与部分以及部分与部分之间的一种特殊且唯一的比例关系。中国古代画家所总结的人的面部比例的“三庭五眼”、人体上下身以肚脐为界的 5 ∶ 8 等皆接近于 ϕ。与此相应，古希腊人将人的面部沿纵向分成八等份，五官位于下方的五等份内，从眉到头顶是另外三等份，并以此作为面部的理想审美标准。尽管 ϕ 作为一个无理数本身并无法穷尽，但这一几何比例被认为是创作赏心悦目的艺术作品的关键，千古以来一直是一条神秘的规律，一个既理想又朦胧的状态，犹如蒙娜丽莎的微笑（图 3–10）。最近，美国加州大学和加拿大多伦多大学的心理学家计算出了最美面孔的黄金比例：眼睛与嘴之间距离为脸长的 36%（西方女性）或 33%（东方女性），两眼之间的距离应占脸宽的 46%（西方女性）或 42%（东方女性）。无论古今，这些比例都围绕在黄金分割比值左右。[3]

图 3-8 雕塑的远观、中观、近观

图 3-9 阆中古城的山水格局

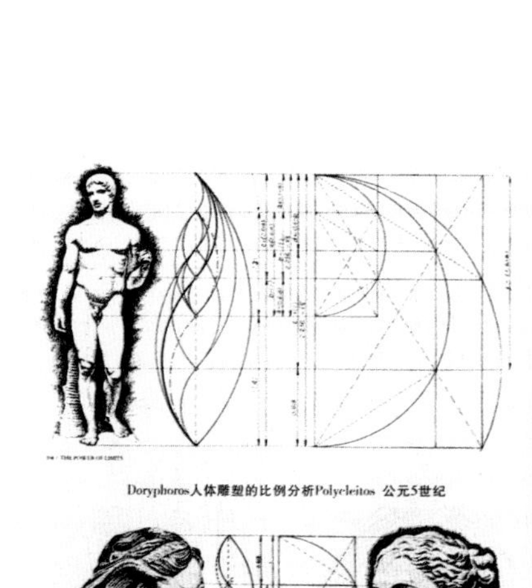

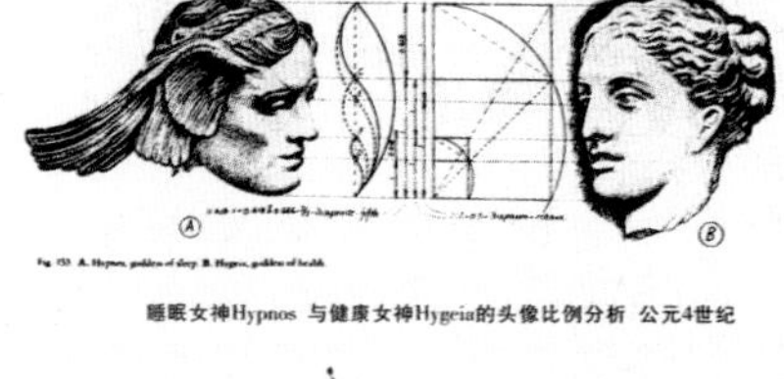

加入黄金比例分析的人体比例素描
里奥那多·达·芬奇 Leonardo da Vinci1510

图 3-10 人体中的黄金比例

图 3-11 鹦鹉螺螺旋线

3」《全球最美脸蛋》[N].《重庆时报》，2009 年 12 月 22 日，第 11 版 .

自然界的各种动植物形态也表现出向∮趋近的斐波纳契数列。在贝壳、植物以及人和动物的躯体乃至后来发现的 DNA 结构中，螺旋形状无疑是众多迥异的事物中共同的因素（图 3-11）。特奥多 · 安德列 · 库克在《生命的曲线》一书中曾经说道："我并不要求你们相信，各种有机和无机现象中相似的曲线形态的出现是'有意识设计'的一种证明。我仅仅指出，它表明了一种由普遍规律的运作所强加的共同的进程。事实上，与其说我关注的是各种起源或原因，不如说是各种关系或相似之处。"[4] 不同事物的异质同构性由此可见一斑。生命形式中普遍存在着偏离数学模型的因素，也正是这样的差异才构成了生命的特征。鹦鹉螺是活体生物，因此不可能用简单的数学概念准确地描述。也许正因为如此，反而在我们心里激发起形式美感，因为，我们认识到鹦鹉螺正在接近准确的轨道，其中记录了它为达到理想状态所做的努力，并且表明努力过程中所发生的误差越来越小。这让我们再次想到 "无限级数" 的概念：每一代都完善一点，尽管永远也达不到特定环境中特定生物的完美形态。自然界中对完美的稍稍背离是受力不均的结果。所以，美在现实世界中就意味着对统一的"稍微偏离"或者 "适度表达"。实际上，早在古希腊人们就认识到了差异问题，即活生生的艺术和理想的准确性之间的差异，有机美和简单数学之间的差异。古希腊人正是通过帕特农神庙的线条和柱子非常小心地偏离数学的准确性，从而为现世和后世留下了统一与多样并置、互补的最高审美原则。无论是艺术还是自然界，美的一个重要因素就在于微妙的变异。这里有必要强调一点，或许正是数理中无法穷尽的关于"美"的无理数（如圆周率 π、黄金分割∮等），"先天地"注定了这个"微妙的变异"。

4」[英]特奥多・安德列・库克. 生命的曲线[M]. 周秋麟，陈品健，戴聪腾，译. 长春：吉林人民出版社，2000：496.

5」《人眼解读黄金比例速度更快》[N].《参考消息》2009 年 12 月 31 日科学技术版

由视野图（图 3-4）可知，120° 视锥范围内为注视范围，此时的上仰角为 60°（由于上睫毛的遮挡，实为 50°），下仰角为 70°，左右各 60°。而在 60° 视锥的视觉中心范围内，在仰角边沿 50° 以下，仰角 40° 以上的 40° ~ 45° 范围，是既满足清晰度，又最能引人注目的视觉焦点，加上接近边沿，而边沿界限往往因其两边的性质不同或对比（清晰与模糊）同样成为关注的重点，这些都决定了该位置为观察者最感兴趣和目光聚集的趣味中心，若视看对象高为 H，则趣味中心大约在 2/3H 处，接近黄金比。另外，由活动视野范围可以看出，在满足最佳观赏仰角 30°（实为 26° 36′）前提下的最大矩形视眶的高宽比为（30+70）/160，同样接近黄金比。

美国北卡罗来纳州达勒姆的杜克大学机械工程学教授阿德里安 · 贝让认为，人眼能够以更快的速度解读以黄金比例为特征的图像。换言之，也就是说类似黄金比例的图形使视觉器官扫描图像并传输给大脑的过程变得更加容易。[5] 另一方面，巧合的是，约 26° 36′ 最佳观赏仰角实际上还意味着观赏物像（高度为 1 个单位）、观赏视线（长度为$\sqrt{5}$个单位）与观赏距离（2 个单位）之间的黄金比值（$\sqrt{5}$+1/2）关系。美国心理学家得克萨斯州大学（奥斯汀分校）心理学教授朗洛伊丝所做的一项经验研究似乎在相当程度上证实了古希腊人美的观念。实验表明，人们视觉上普遍认为的人脸的美，实际上是一种平均状态，它集合了人的诸多特征而具有某种普遍性，这说明美与审美具有中庸的统一性。在日常生活中，我们的审美判断受制于文化的熏陶和影响。不同的文化境况决定了不同的审美观。美学上的一句谚语"趣味无争辩"，说的是个人审美偏爱的合理性。一般美学理论主张，审美观念的形成完全是一个社会化的过程，是一种社会习得的过程，美与不美的观念不是与生俱来的，但朗洛伊丝的实验和观察证明，无论实验者使用的是白人或黑人图像，还是成人或儿童的图像，3~6 个月的婴儿都明显体现出一个明显的倾向，那就是成人通常认为美的人像，对婴儿也具有同样的吸引力。诚然，朗洛伊丝教授的研究并非就是无懈可击的定论，尚有不少问题值得进一步探究。但是，这里已经透露出某种共同的先验结构在审美过程中的作用与影响。

站在数理的角度，空间艺术就是对瞬息万变、不可量化的心理、情感空间的量化和固化。正因为如此，其量化、固化有多种表现方式和多样的呈现，这就好比数学中的多样求和，其中每一项都是和的一部分，都能从特有的方面代表和，这说明多样与统一（和）具有某种程度的等价。形而上的数理既然能够先于经验事实在一定程度上真实地再现和反映宇宙秩序，那么反过来，当然也能够在一定程度上真实地反映人的内心世界。至今为止，它是人类与天地自然和人自身打交道的唯一可靠的工具。然而，“一定程度”也说明它的有限性。随着不可量度的量或者超乎想象的诸如无理数、

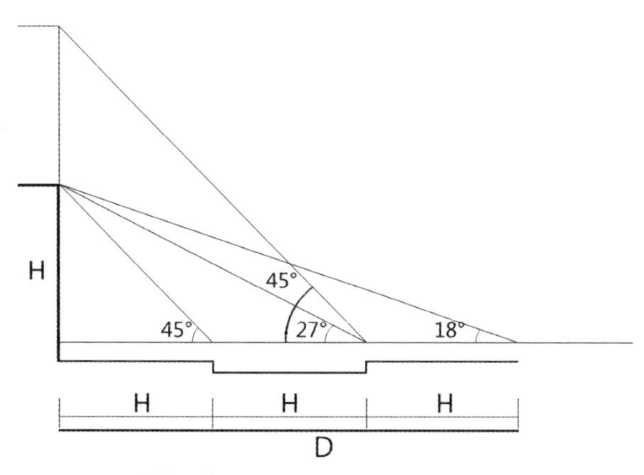

图 3-12 理论上的街道空间尺度

图 3-13 山西大同云冈石窟视线分析

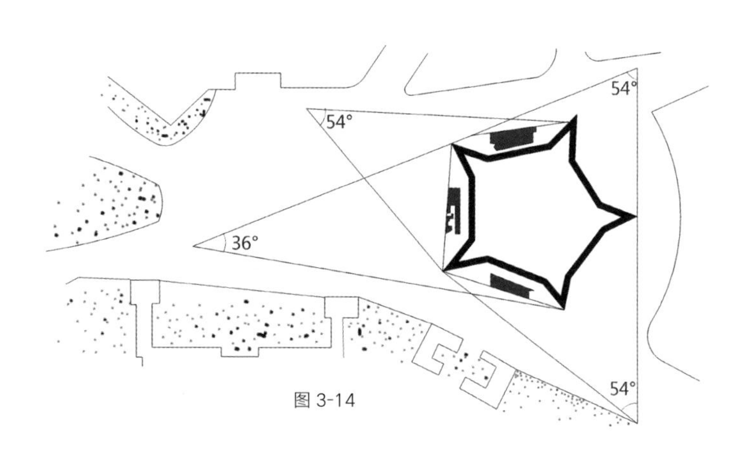

图 3-14

虚数、复数等在物理学中的地位的进一步提高以及数理理论的进一步发展，相信还会有更多的发现甚至颠覆性的结果。

③ 广场尺度与街道空间

城市广场往往集中了重要建筑，并且是道路交叉点，除了交通的组织以外，也与观察的视距大小密切相关，为求得建筑主体及建筑总体的效果，在人性化前提下，一般取：D=2~3H。过大显得空旷不够亲切，过小则显得拥挤。理论上的街道空间尺度如图 3–12，实际例证如图 3–13。

2. 水平视角

参照视野图（图 3–4）可知，水平视角理论上为垂直视角的两倍：β=2α。（图 3–14）

视距 / 物像比	垂直视角	水平视角	
D/H=1	α=45°	β=90°	水平视角偏大，要在动态中观察
D/H=2	α=26° 36′	β=54°	在注视中心 60° 以内，观察主体较理想
D/H=3	α=18°	β=36°	观察物像总体及研究景观
D/H=4	α=14°	β=28°	在注视中心 30° 以内，清晰度较高
D/H=5	α=11° 20′	β=22° 40′	在注视中心 60° 以内，观察物像与环境的关系

二、透视变形及其矫正

（一）物像细部透视变形的矫正（图 3-15、图 3-16）

在 60° 视域范围内，垂直的物像就已经有了不同程度的变形。

设垂直视角 10° 以内的物像尺度为 h，随着垂直视角的加大，垂直物像尺度递减，分别为：

垂直视角	10°	20°	30°	40°	50°	60°
垂直物像尺度	h	0.9h	0.86h	0.78h	0.66h	0.5h

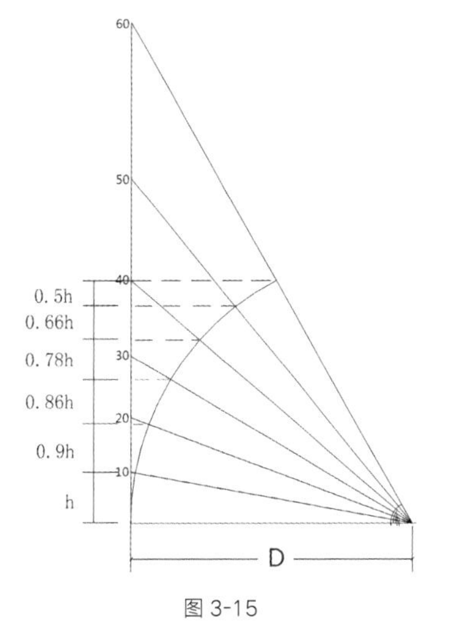

图 3-15

图 3-16

设 h′ 是实际看到的物像尺度，则

$\cos\beta = D/L$

$L = D/\cos\beta$，$L^2 = D^2 + H^2$

又：$h' = L\times\alpha/3440 = D\alpha/3440\cos\beta$

而：$\cos(\alpha+\beta) = h'/h$，$h = h'/\cos(\alpha+\beta)$

代入 h′，

$h = L\times\alpha/[3440\times\cos(\alpha+\beta)]$

$= L^2\times\alpha/[L\times3440\times\cos(\alpha+\beta)]$

$= \alpha(D^2+H^2)\cos\beta/[3440\times D\times\cos(\alpha+\beta)]$

取 α=8′（清晰物像的视角），因 α 太小，可忽略不计，于是：

$h \approx \alpha(D^2+H^2)/3440D$

$\approx (D^2+H^2)/430D$

这里的 h 值为实际尺度，若小于它就看不清。而 h′ 为实际看见的物像，它小于实际尺度。

从调整透视变形的角度来说，还需将 h 值换成 h′ 代入 $h = h'/\cos(\alpha+\beta)$ 得到矫正值。

例如：取视距 D=150 米，建筑高度 =30 米，观察细部的仰角 =8′，则细部 h 的实际尺度为：$h=(D^2+H^2)/430D \approx 0.37$（米），此为实际尺度，而实际看见 的还要小，经计算为 0.363 米。

矫正尺度为：$h = h'/\cos(\alpha+\beta) \approx 0.37/\cos\beta = 0.37/(D/L)$

$= 0.37/(D/\sqrt{D^2+H^2})$

≈ 0.3774

≈ 0.38

（二）视觉观察的变形及其矫正

1. 变形原因

视野图呈椭圆形，说明了垂直视野与水平视野之间的差别。离视觉中心越远，物像的变化就越不均衡。因为水平方向的变化大于垂直方向的变化，而两者又是同时变化的，这说明垂直方向的微小变化对物像尺度的影响更为显著，这同时也说明在垂直方向的处理更容易取得良好的效果。所以古代建筑的视觉矫正也侧重于垂直方向。

视野图（图 3–4）中，若水平方向按 D（最大）=1200 米（水平视角为 54°，视距为 1200 米），垂直方向的比例可按视野图求出。

设 Y、Y′ 分别为室外、室内的垂直视野，在室外，按动视野计，水平视野 230°，垂直视野 60°，则有：

室外：1200/Y=230/60，Y=313（米）

在室内，按静视野计，水平视野 200°，垂直视野 50°，则有：

室内：1200/Y′=200/50，y′=300（米）
室外、室内高宽感知比最大值分别为：
室外：313/（1/2 × 1200）=1/1.9
即：垂直高度为 1，水平长度相当于 1.9。
室内：300/（1/2 × 1200）=1/2
即：垂直高度为 1，水平长度相当于 2。
越是趋近视野中心，这种变形就越小。

2. 矫正及其量度

从上述视觉观察变形分析中得知，室外、室内垂直视野当最大视距 =1200 米时分为：Y=313，Y′=300 米。

由视野图可知，双眼的共同视野为 120°，室外（230°）、室内（200°）与双眼共同视野 120° 的比值为：

室外：120°/230°=0.522（水平方向长度相应缩短的百分数）
室内：120°/200°=0.6（水平方向长度相应缩短的百分数）
设物像高为 H，水平长度为 D，当 H=D 时，两者在视觉上有差异，并不相等，室外缩短 0.522，室内缩短 0.6，所以：

室外：H/D=313/[1/2 × 1200（1 － 0.522）]=1/0.916
室内：H/D=300/[1/2 × 1200（1 － 0.6）]=0.8

以上说明了室外、室内垂直高度与水平长度相差的比数，若要使 H、D 在感知上相等，其减小的要增加，增加的要减小，才能达到。于是：

室外：因为 H/D=1/0.916=1/（1 － 0.084）=（1+0.092）/1
上式中：（1 － 0.084）表示在视觉上水平长度感知缩短了 8.4%；
（1 +0.092 ）表示在视觉上垂直高度感知增加了 9.2%。
室内：H/D=1/0.8=1/（1 － 0.2）=（1+0.25）/1
（1 － 0.2）表示在视觉上水平长度感知缩短了 20%；
（1+0.25）表示在视觉上垂直高度感知增加了 25%。

若要求在视觉感知上使 H=D，在视觉上是增量的应减小，是减量的应增大才能达到。

因此，矫正量为：

室外：H=D（1+8.4%），即水平方向增加 8.4%；
或者 D=H（1 － 0.92），即垂直方向减少 9.2%。
室内：H=D（1+0.2%），即水平方向增加 20%；
或者 D=H（1 － 25%），即垂直方向减少 25%。

从以上分析可以看出，垂直高度的变化大于水平长度的变化，许多物像如塔、高层建筑等都是利用垂直方向不大的变化来达到表现的显著效果。

三、人性化的尺度比例

约翰 · 罗斯金的《建筑的七盏明灯》第一章开宗明义："凡是建筑都必然对人的思想产生影响，而不仅仅为人体提供服务。[6]"建筑一方面满足我们居家、工作、娱乐等实际需要，另一方面还使聚居公共空间展现出独特的景观，为我们的生活增添一种审美的向度。

6][英]约翰 · 罗斯金.建筑的七盏明灯[M].刘荣跃，主编.张璘，译.济南：山东画报出版社，2006：3.

在古希腊，生活的统一与和谐是其本质特征，而强调内在秩序与外在几何形体的完美统一是古希腊建筑作为西方古典建筑的源泉所代表的意义。他们坚信"和谐"是世界万物之数理关系的最高审美理想。苏格拉底、柏拉图、亚里士多德都提出美的根本是秩序、比例与限度。普罗太戈拉的"人是万物的尺度"不仅使空间造型艺术有了规矩和依据，而且还为超验的无限想象打开了一扇希望之门。维特鲁威认为要使建筑物看上去壮观，就应当取法人体比例，因为人体各部分间的比例是最完美和谐的。

希腊建筑是"柱子的艺术"，作为建筑"灵魂"的柱子，体现出了不同的风格：爱奥尼克柱式（柱高与柱径之比为9 ：1）轻盈活泼，优雅而富于变化（象征女人）；科林斯柱式（柱高与柱径之比为10 ：1）精巧细致，富于豪华性和装饰性（象征少女）；而多立克柱式（柱高与柱径之比为8 ：1）庄重而朴素，富于庄严性和力量（象征男人）（图3–17）。值得注意的是，希腊的三种古典柱式绝不拘泥于烦琐而教条的数字比例与要素的数量，例如柱子、柱上额枋和门的数量保持常数，但其尺寸各不相同，根据具体环境的不同，或做细部的视差调整，或做比例上的修正，使柱式完美地展现出它的气质和力度。"一切都不过度"是古希腊建筑的性格之一。

希腊古典庙宇不仅在整体上以及整体与局部、局部与局部之间具有黄金比例和人体比例，而且从未失去与人类尺度的匹配，模数和普通的人类尺度相关，细部和人的身体部分直接相关。更为重要的是，庙宇的高度一般不超过 20 米，可以从正常的视距看到整体。模数和总体建筑尺度都是由 21~24 米的视距（这也是能够分辨人脸的庙前广场的尺度）来决定，这就使得神庙高度与庙前公共空间观看视距几乎都统一在 45° "崇高"心理仰角上（图 3–18）。按照芦原义信的"十分之一"理论，这个尺度还是能够媲美室内友好尺度的室外"城市客厅"的一般尺度。

总之，人性化的尺度是希腊城市空间的特质。千百年来，这种源于古希腊的人性化尺度原则一直被建筑界奉为圭臬。

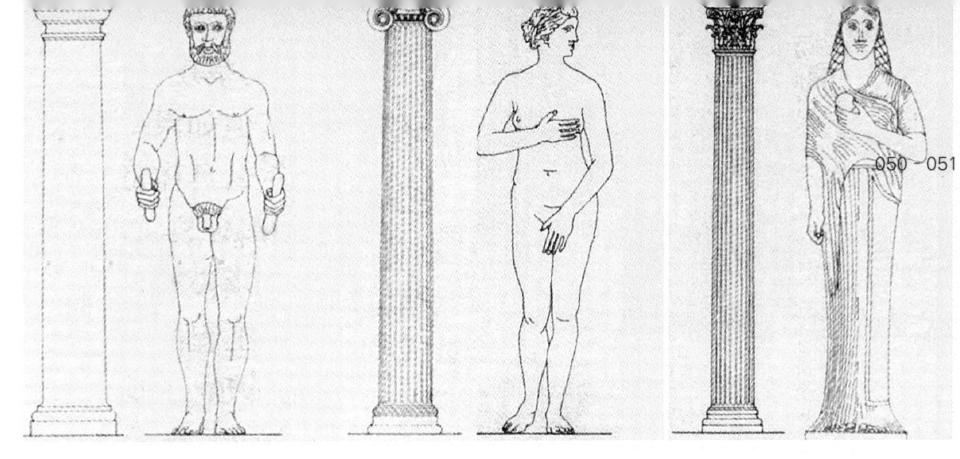

多立克柱式　　爱奥尼克柱式　　科林斯柱式

陶立克柱式

科林斯柱式

多立克柱础　　爱奥尼克柱头及柱础

图 3-17 希腊三柱式及其尺度、比例

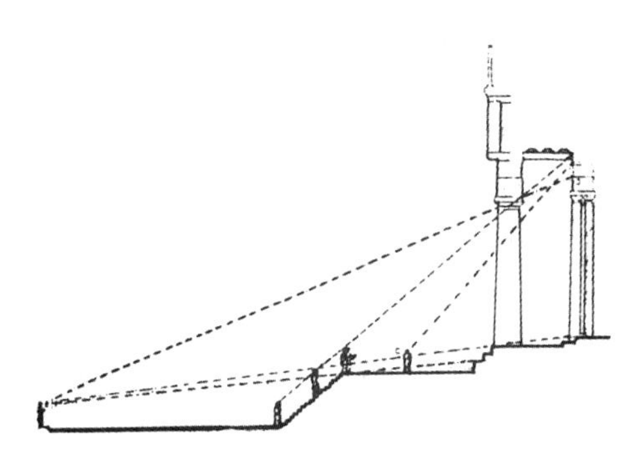

图 3-18 帕特农神庙视线分析

第二节

材质肌理

一、材料分类及特征

一般看来，材料是指用来制作成品的物质，包括原材料和半成品（材料主要是指作为劳动加工对象的材料，另外还包括生产劳动工具的材料）。在外部空间，材料是一种载体，是一种媒介，是带有功能、视觉的综合体。在实施过程中要受到场地和对象的限制。材料分为硬质材料和软材料。硬质材料包含石材、金属、树脂、木材、玻璃等。软材料包含软树脂、硅胶等。

材质是光照射到物质而引起的视感（当然也是可触知的）。利用材料的光学性质可以丰富空间的表情，强调空间的通透性、扩张性。从光学角度对材料做分类将有如下特征：

1. 全透明——在材料中光不发生任何变化，光全部通过去没有丝毫的反射现象。因其为透明或半透明材料，有空间渗透性，能造成深远感。而利用折射，还可以改变空间样相。
2. 全反射——即光束遇到材料后不通过，不被吸收也不扩散，只是改变角度，原封不动地直进（如镜面）。可造成空间的反射、延伸，故有扩张感。
3. 全扩散——即光在碰到材料处发生 360° 的均一扩散，从而与入射角及反射角毫无关系，全部呈现均一状态（如毛玻璃）。这种情况可以造成空间的充实感。

材料的光学性质对于空间形态的创造具有特殊的意义。

二、距离与材质肌理

正因为材料是媒介，往往在外部空间设计的设计过程中材料处于后期思维。但是为了整体效果，应当把材料做综合考虑。比如在考虑功能和实施性的时候还应该留意到观看视觉和材料的关系。我们知道外部空间里 D/H 关系和外部模数理论是设计中非常重要的依据。而材质肌理是 D/H 关系和模数理论所涉及的关于视觉和距离的重要内容。

在外部空间里，我们的设计多涉及雕塑、建筑或大体量的构筑物。所以距离和材料的关系是不得不考虑的问题。

例一：巴塞罗那论坛酒店。当距离大于 100 米的时候，我们和对象（建筑或构筑物）是一种远观的视觉关系，对象的整体性展示，材料肌理质感在这种距离下不会显现出来特点的。这时候我们的视觉是依附于主体物的整体轮廓。（图 3–19）

D>100 m
图 3-19 巴塞罗那论坛酒店

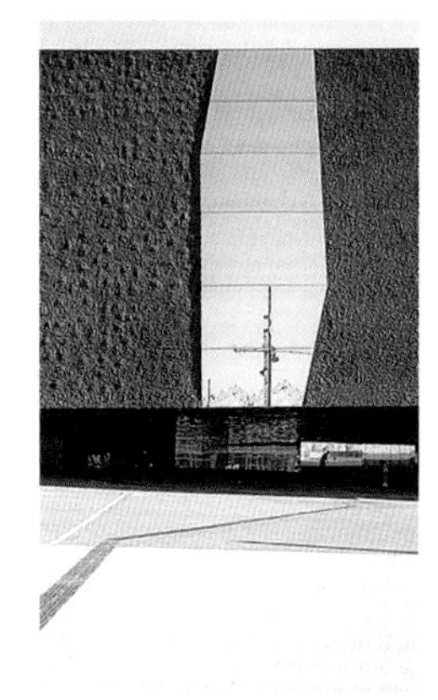

D>50 m D>20 m
图 3-20 巴塞罗那论坛酒店(局部 1)

D=5 m
图 3-21 巴塞罗那论坛酒店(局部 2)

随着与观察对象的不断靠近，材料肌理质感就开始出现在我们观看的中心，如图 3–20 所示。

在进入建筑的内部之前，假如把外部空间设计的材料肌理质感的距离限定为 5 米时，我们应该留意到出现了以下几种硬质材料：混凝土真石漆喷涂面、钢材、玻璃、黄铜（图 3–21）。材料在整体布局的时候不仅要考虑功能性，还应该把材料的肌理质感和距离的因素考虑进去。将亚光、半亚光、镜面的材料考虑在设计阶段。

混凝土真石漆喷涂面 ——→ 亚光
钢材 ——→ 半亚光
玻璃 ——→ 镜面
黄铜 ——→ 镜面

例二：“溯园 · 上海大学”，这是一件空间构成作品。其外部材料是现浇混凝土 / 雕塑 / 玻璃之间的材料肌理质感的替换和过渡。通过“漫步”的方法，人在空间里的行进过程中，视觉和材料的质感肌理关系上也在发生变化。（图 3–22 至图 3–25）

在“漫步”的过程中，材料肌理质感和空间的性质是相互配合和相互穿插的。

平面和立面不仅仅要考虑关系之比（D/H），在模数上也要有所考虑。这种思考也明显地体现在材料的肌理质感上。模数理论一般提到的15~20米在立面或平面上要有视觉空间变化。这种要求通过不同材料替换显然是比较容易被满足。

在满足了模数理论的同时，功能性和视觉效果也呈现出效果，也就是说，一件外部空间设计作品是通过材料在平面、立面之间的转换及不同质感的相互交替完成的。

D>30 m
图3-22“溯园·上海大学”之一

D>15 m
图3-23“溯园·上海大学”之二

D>15 m
图3-24“溯园·上海大学”之三

三、材质与安全

凯文 · 林奇认为材质应该与人的基本生理结构相吻合，应该遵循自然的规律，提供适宜的感受，包括听觉、视觉等综合感觉的舒适。通过树木、水池、喷泉等城市细部的作用来改变城市局部的小气候环境，减少噪声的干扰，创造一种静谧的效果，并为人的活动创造适宜的温度、湿度、光线等条件。这就是为什么阴凉的地方更受人欢迎，而大面积的草坪不能吸引人的原因。因此，在进行环境设计时就应该从人体工程学的角度出发营造安全与和谐的环境，体现对人的关怀。

人在行走过程中脚对地面施加了两个方向的力：水平分力和垂直分力，如果水平分力小于鞋底与地面的摩擦力，人就会滑倒。而这一个摩擦力则由地面与鞋底的摩擦系数决定，一般认为摩擦系数大于 0.4 时就不会滑倒。在城市公共空间中，使用光可鉴人的花岗岩是如今广场建设中的一种时尚，却给人行走带来了不便，甚至发生伤亡的事件。相比之下，坡道有比平地面容易滑倒的倾向问题，在没有必要使用坡道时最好采用踏步来解决高差问题，但踏步数一般不得少于 3 步；在必须使用坡道的情况下，要采用防滑的材料或做打毛处理以增加摩擦系数。为了防止人从高处跌落，高差较大处须设置扶手栏杆。扶手要便于把握，竖向栏杆间距要防止小孩钻过，尽量少使用横向栏杆以防止小孩攀越，若采用了横向栏杆就要采取相应的防止攀越的措施。

在容易发生事故的地方做必要的警示。例如，火灾报警时为失聪人士提供明显的视觉信号，而对于盲人则提供听觉信号。设计中强调踏步、坡道、栏杆的可见度，或者利用和周围环境反差较大的色彩等作为提示。

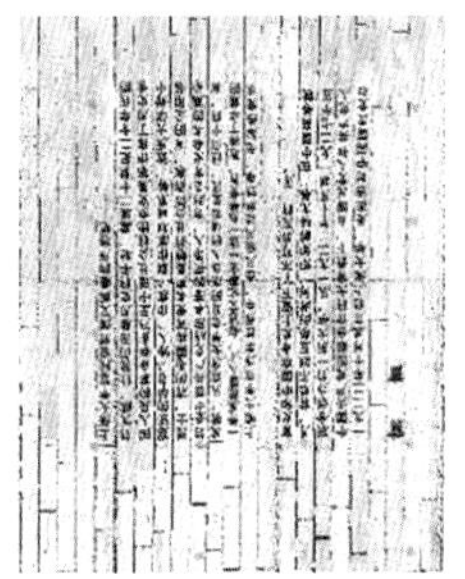

D>1 m
图 3-25 "溯园 · 上海大学" 之四

设置必要的预防设施，如水面较宽、水深较深时，既要满足人们活动的需要，又要避免溺水现象的发生，确实是一种矛盾，此时就很有必要采取预防的措施，使事故发生时能够得到及时补救。上海太平桥绿地在水面四周大约相隔 30 米处就设置了一个急救箱，在急救箱里面有救生圈、救生绳等装备，不失为一种好办法。

第三节

空间力象

量和力的关系，同样也适用于空间。所谓空间并非单指物理空间（实体所限定的空间），还包括心理的紧张关系和力感（同一大小的空间因门窗的位置、大小、形状等的差异而给人的感觉不同）。物理空间只不过是内空体的间隙，而心理空间则更为扩展，指的是物与物之间的心理联系，是内空体或空间体向周围的扩张，即由紧张关系所引起的负的量感，是不存在却完全能够感受到作用的空间。

以传递实体之间关系而表现为空间有形化并被感受为张力，即空间力象。

一、基本空间力象

（一）限定形式：天覆、地载、围合。指限定的基本方位，它决定了空间力象的根本气势

1. 天覆——具有飘浮、俯冲之力，亦有控制、庇护之势

天覆的高度对于空间力象的效果影响很大，绝对高度要以人体为基准，这里只谈相对高度给予人的感受。

设 h 为天覆高度，a 为天覆宽度，则：

当 $h/a < 1$ 时，引力感强，使人感到压抑；

当 $h/a=1$ 时，有引力感，使人感到亲切；

当 $h/a > 1$ 时，引力感弱，使人感到虚幻、高爽。

2. 地载——具有起伏、波动之力，亦有平静、和缓之势

①区域划分——通过肌理、材质、装饰效果等划分出明确的区域界限，具有领域性、秩序性，如地毯、交通路口的黄色指示线等。

②凸起——有隆起、腾达之势，使人兴奋，如天坛的圜丘、故宫太和殿的基座等。

③凹陷——有降落、隐蔽之势，围合性很强，如越战纪念碑、洛克菲勒总部大厦前的普罗米修斯广场。

④架空——与设立相结合构成横断，有莅临、探海之势。达到一定高度，其下部就具有了天覆的限定效果，如阳台、跳台等。

3. 围合——具有分隔、阻断之力

①竖断——在大空间中，竖断与面的设立相同。在小空间范围内，竖断像闸阀一样具有阻截作用。与地载相结合造成波动、迂回之势。分 I、T、L 三种类型。

I 者——拦截分隔能力与高度相关：低则波动，高则迂回，造成庇护感，如映壁墙（照壁）。

T 者——如隅，是安静而愉快的空间。越接近空间的角顶，滞留感越强。

L 者——角内与 T 型相同，而隅之外侧，因有诱导，所以具有更强的迂回性。

②夹持——具有分流作用，与地载相结合有诱导之势。分平行与不平行两类。

平行者——开放端有很强的方向感，故具备空间引导作用。延长处理，则产生限定性的流动感。如两个相邻建筑的外墙、街道、行道树等。

不平行者——能带来戏剧性的透视变化，使空间具有特殊趣味。

③合抱——具有拥抱、驻留之势，如广场的布局。随面的长短分布不同，驻留的形势也各异。

设底面长度为 D，建筑墙面长度为 L，则：

D/L=1 时（水平对角线底角 45°），感觉为全封闭；

D/L=2 时（水平对角线底角约为 27°），此时为封闭感的界限；

D/L=3 时（水平对角线底角 18°），此时感觉为开敞；

D/L=4 时（水平对角线底角 14°），此时感觉不封闭。

④围合——具有凝聚、升腾之势，如天井等。完全围合的空间犹如捆绑手脚，缺乏自由与生气。随着面之环绕状态的不同，凝聚的程度也不一样。

总之，竖断、夹持、合抱、围合的表情，除由基本气势决定外，还与高低有关。高低的绝对值以人的视线高度为标准，其相对值以对立面的高度和对立面的距离相等为界限，随着其高度的变低，其拦截性、封闭性均相应减弱，只在形式上起分隔作用，而视觉空间仍然是连续的。

（二）限定条件：形状、状态、数量、大小。指限定的表面态势，它决定空间力象的表情

1. 限定面之空间状态的变化

①地载——地载是人类全部空间活动的基础。任何空间限定要素都要与地载结合，它是连接各种要素和空间关系的主要成分，是构成空间环境的构架。从空间环境的较大范围而言，地载除平地以外还有高低起伏、台地、斜坡。

a. 平地——使人感到轻松、自由、安全，若在视觉上缺乏空间的垂直限制则容易产生旷野恐怖。

b. 高低起伏——若起伏平缓将给人以美的享受和轻松感；陡峭崎岖则易造成兴奋和恣纵的感受。

c. 台地——有开阔的视野，富于层次，容易构成笔直正交的轴线和引人注目的透视线。因视平线的各种高度及视距的变化又极易带来屏障的不悦目感。

d. 斜地——具有动态特征（明确的运动导向、强烈的流动感），并能限制和封闭空间。越陡越高，外空间感越强。反之，也有令人不舒服和不安定感。

②天覆

a. 平者——通过划分明确的平面界限而具有领域性、秩序性。

b. 斜者——具有强烈的方向性，向高位的一方扩张。

c. 隆起者——穹隆有向心、内聚、收敛的感觉。

d. 下吊者——中央下垂有离心、扩散之势，它将人的视线引向外部；中轴线低垂两侧升高时，具有沿纵轴的外向感。

e. 错落者——感觉类似隆起与下吊，只是区域界限有较明确之划分。

f. 曲折者——纵向有引导流动之势，横向有起伏变化的节奏，都造成扩展空间的力。

③围合

a. 弯曲者——当立面变成曲面时，如同 L 型竖断与合抱，就有了内外之分，而且所限定的空间使人感到柔和、活泼、富于动感。若相向，其空间力象有向心的闭合感、驻留感；若相背，其限定的空间力象则有迅速通过、疏散感。两个平行弯曲的圆柱面构成的空间力象，具有强烈的引导性和有趣的流动感。

b. 倾斜者——当立面与地载非直角相交时，便构成倾斜面所限定的空间。以与地载之夹角 45° 为界，大于 45° ，空间兼备“天覆”和“围合”的作用；小于 45° ，则易成为地载。仰斜，使人产生崇高、敬仰之情，如南京中山陵的牌坊；俯斜，使人感到慈祥、亲切，如佛像群立。

2. 限定要素之形状

中心限定的效果除方位条件外，与限定物的形状也有重要关系，不同的形状有不同的表情。

①点、块大致可分为直面块体与曲面块体两类，其表情如下：

a. 直面块体

立方体：是最基本的立体，具有端正感；

角柱：既端正又有方向性，感觉富于变化；

角锥：最富于安定感，尖端朝下时极不安定；

多面体：反映多边形构成的性格，丰富多彩。

b. 曲面块体

球：端正、有重量感，卵形则具有优雅的动感；

圆柱：威严、具有流动感和方向性；

圆锥：最安定，有向上的运动感，顶端向下时不安定。

②线的表情如下：

a. 直线：由于单纯所以是强力的，严格而冷漠的，具有男性感。粗的直线因为钝重，男性感强。细直线则因敏锐、神经质而稍带女性特征。

垂直线：表示上升的力、严肃、端正而有希望。（暖色系）

水平线：向左右扩展，表示安定和宁静。（冷色系）

斜线：是动的，有不安定感，但让人感到有变化。

b. 曲线：根据长度、粗细、形状的不同，常给人以柔软、流动、温和的印象。

c. 几何形曲线：是理性的，有单纯、明快、充实感，往往用来表示速度感和秩序感。

d. 自由曲线：奔放、复杂、富于流动感。通过处理手法，既可以成为优雅的形，也可以成为杂乱的形。

③面可以是点的集聚、线的集合，也可以是立体的切断……，总之是起分隔作用的面。

a. 直面——一般是单纯的，有舒畅的表情，适于表现造型的简洁性。

垂直面：具有严肃、紧张感等，是意志的表现。

水平面：使人感到安静、稳定、扩展。

斜面：是动的，不安定。在空间中给予强烈的刺激。

三角形：若底边很大则富于安定感，给予不动的感觉。正三角形最为集中，顶点朝下极不安定。

四边形：端正，特别是正方形，与严格相反，有不舒畅感。

多边形：有丰富感，边的数量越多，曲线性越强。

b. 曲面——有温和、柔软、流动的表情。

几何性曲面：是理性的、规则的。根据面中含有直线或曲线的数量不同而具有各种表情。

自由曲面：奔放。具有丰富的表情。通过使用不同的处理手法可以产生有趣的变化。

分隔限定之空间形状自然与限定之形状有关。四面八方的限定面的形状都会影响空间形状。但是，地载的分割形状最具有主导作用，而同一空间的其他各相关限定面的形状、比例，对于空间形状的决定则起着辅助作用。由此可知，空间形状与某个限定面的形状并不是一回事。这就带来两种创造空间形态的思路：一是从限定面的形状出发决定空间形状；二是从空间形状出发决定相关的限定面。前者比较看重实体形状，后者完全着眼于空间形状。欲掌握后者的创造规律，还必须了解空间形状的基本类型及其“表情”。

④体的表情：一般说来，直面限定的空间形状表情严肃，曲面限定的空间形状表情生动。

直方体空间——若空间的高、宽、深相等，则具有匀质的围合性和一种向心的指向感。给人以严谨、庄重、静态的感觉。窄而高的空间使人产生上升感，因为四面转角对称、清晰，所以又具有稳定感，利用它可以获得崇高、雄伟自豪的艺术感染力。水平的矩形空间由于长边的方向性较强，所以给人以舒展感；沿长轴方向有使人向前的感觉，可以造成一种无限深远的气氛，并诱导人们产生一种期待和寻求的情绪；沿短轴方向有朝侧向延展的感觉，能够造成一种开阔、宽敞的气氛，但处理不当也能产生压抑感。

角锥形空间——各斜面具有向顶端延伸并逐渐消失的特质，从而使空间具有上升感和更强烈的庇护感，如教堂的尖顶。

圆柱形空间——四周距离轴心均等，有高度的向心性。给人一种团聚的感觉。如航空港登机楼中心大厅、基督教圆形拱顶。

球形空间——各部分都匀质地围绕着空间中心，令人产生强烈的封闭感和空间压缩感，有内聚之收敛性。

三角形空间——有强烈的方向性。围成空间的面越少，视觉的水平转换越强烈，也就越容易产生突变感。从角端向对面看去有扩张感。反之，有急剧的收缩感。

环形、弧形或螺旋形空间——有明显的流动指向性、期待感和不安全感。

3. 限定空间的大小和数量的变化

这里说的大小和数量是指限定性空间，而不是限定要素。空间的大小对于精神感觉的影响很大，这可以从两个方面分析：一是绝对的大小（以人体为尺度）；二是相对大小（限定空间对应面的面宽和距离的比例关系）。宏大的空间使身处其中的人感到渺小，觉得不可控制，因而产生崇高、敬仰之情。低矮和小面积的空间，有宁静、亲切的感觉。当然，处理不好也会造成压抑、郁闷的感觉。

限定空间的数量亦对立体有重要影响：单一的空间主要是引起主体视线的运动，而多样的空间组合则除了造成视线运动之外，更有亲身经历的运动。故而能造成节奏、序列等更丰富的时间变化。

（三）限定程度：显露、通透、实在。指限定的实质情况，它决定空间力象的质量。

空间分隔的限定自然主要是面的限定，但实面和虚面在限定程度上有很大差异。

构成虚面的可以是线材的排列与编织，其限定程度依线材的粗细、疏密来决定。一个面只有一根线材，是中心限定的效果；一个面有两根线材排列，就构成一个虚面（张力面）；排列的线材越多，限定度就越高。例如，排列线材作天覆，有藤萝架、葡萄架；排列线材作地载，有四川黄龙泉的栈道；排列线材作围闭，有篱笆墙、柱廊。

实在的面如果高阔（以相对于人的尺度为准），则被限定的空间有完全断绝或凝聚不动的表现。这虽然是进行空间限定的基础，却仍可以于其上再做通透和显露的变化。通透者，隔中有联，气势主次有致。显露者，实隔而意通，看得到摸不着，人不能跨越，故属于心理场的扩展。具体实施办法有：

1. 开洞

开洞是使主体及其视线通过的一个途径。洞口的总面积越大，视线通过的就越多，力象的态势也越明确。洞口的形状和位置对空间效果影响很大，一般说有壁面上的洞、天覆上的洞、转角上的洞，每一种既可以有上中下的位置变化，又可以有形状的变化。同样，面积的洞口，横向比竖向的感觉视线开阔；高度适当的较过高过低的视线开阔；角上的洞门比其他位置的洞口视野开阔。

2. 半隔

如传统建筑中的美人靠、垂罩等，既有明确的限定，相互又是连通的。其上下左右位置不同，高低疏密状态不同，空间表情也各异。

3. 凹凸

就实面而言，平滑而凹凸少者限定性强；凹凸多变者限定性弱。

4. 透过

采用透射率或反射率高的材料或漏，造成显而不通（如花墙）；或用半透明材料构成光影效果，显而不明具有更大的诱惑力。一般情况下，透光弱、灰暗者，限定性强；透光强、明亮者，限定性弱。

二、空间力象的实际运用

（一）图形及其空间力象

所谓图形，乃是一种组织或结构，它伴随着人们的视觉心理活动，是理解事物的基本要素。

自然界本无纯粹的几何图形，只有空间和体积。它们一旦进入视觉系统，便通过视网膜转化为平面的图像，而“图形”是对视网膜所成像的不断抽象和完形，并在漫长的观看过程中外化为经验认知和内化为先验结构，它包括诸如透视原理等一整套平面——空间对应关系。图形的层叠、遮挡不仅不会造成形的缺失，反而形成图形的前后、上下、左右等空间关系。由于理解的顺序控制人的视觉，平面的刺激可以转化为空间的立体。不可否认，图形上的深度感受到文化的广泛影响，人类早期的艺术就不在意空间的客观表达，也不用西方画面构成的深度暗示，艺术家按照自己特有的先验图式观念而不是视网膜映像经验作为绘画的依据，作画完全是本着他们所想而不是所看。如中国《考工记》的周王城图以及古埃及园林平面图。同样，图形与背景的关系也是由大脑选择组织起来的。在这个场合下是图形到了另一个场合也许便成了背景。有时候图形和背景似乎波动于两个完全同等的可能性中。太极图是表达图形与背景相互依赖的典型。大脑一旦从刺激中接收到某个特性，就会朝前推进一步，把这一特性加以夸张，推向比实际更深、更广的范围。同时，看两个图形，较弱的一个图形的感觉会被弱化来衬托相对较强图形。

作为一种脱离实像的"假象"，图形表现出"象"的虚拟性特点，即依据经验、规律，虚构暂不存在之"象"，此"象"可以超越具体时空域界，超出现实范围，以有限囊括无限，具有艺术的创造特点。建筑、雕塑语言中的体形、体量、结构、形式、趋势、进退、收放、交错、重叠等术语实际上都是去掉形象自身质料以及周边具体景观环境等表面现象后的抽象的图形——空间表达，人们正是通过这类术语揭示并确定了空间艺术形式美的关系。勒 · 柯布西耶认为，艺术家"感知和洞悉自然，并且在其自己的著作中解释它"，这一过程的关键在于"既存在于人类中也存在于自然规律中的几何学精神"[7]。"势"本质上是随空间而变化的能量，其作用范围可以用"场"来描述。日本弘一博士所做的感觉生理学试验表明：当人看到正方形的图形时，视网膜上发生的微波电流分布图就像磁铁吸引铁屑那样从正方形的一个尖角向邻角呈弧线扩张并连络着。它科学地表明了物理的形体和感觉之间有着某种差异即扩张作用，这种扩张作用属于生理心理范畴，故又被称为知觉场。[8] 对人而言，"势"是体制（人及其机能）物化的形式，因为对每个人而言，形式本身都带着产生某种情绪的信息。人的各种感觉官能诸如视觉、听觉、触觉、味觉、嗅觉以至于运动觉等，是完全可以随同具体的人当时的心理状况乃至本人平时的生活经验彼此打通和移借的，这就是形成通感现象的心理基础。所谓"通感"是指人们在感知客观事物时的感觉移动或感官相通，又称"感觉移借"。近代心理学研究发现，人们的几种感觉是能够相互转化、沟通的。例如，随着音频的逐渐升高，声音越尖细，达到一定程度时，耳朵开始发痒，继而感到疼痛。于是，听觉转为痛觉。人们看到支承的柱子，似乎身体上就感到了那不堪负担的压力等。这些现象就是通感的效应。

尽管对于脑在感觉过程中能量转换的情况还处于探索阶段，但人们已能确切了解到脑细胞从眼睛接收或输出信号的活动是一种电化过程。有证据表明，感觉、记忆、精神幻觉都是由脑细胞中电——化学活动的信息引起的。当今，对感觉的研究已经从强调刺激的构造转向强调脑本身的结构。也就是说，是大脑设法将一个模式强加给刺激，原先存在的一种精神范畴决定了刺激将如何被感觉。

其实物理学的力学原理与人类的知觉系统十分类似，它们都在不断寻求一个简单、稳定的状态。阿恩海姆在《中心的力量：视觉艺术构图研究》一书中指出："几何学的陈述是源于空间中可测量的距离、比例和方向的建构。而另一方面，直觉的陈述则基于视觉力的作用方式，这些力是一切视觉经验的构成要素，它们是我们所看见的形状与颜色的不可分割的一个方面。可以简便地将这些力视为神经系统——尤其是视觉刺激所投射的大脑皮层区域——操作的力之构型的知觉反映。"[9]"那种推动我们自己的情感的力，与那些作用于整个宇宙的普遍性的力，实际上是同一种力。"[10] 动机心理学家把人类的动机解释为由有机体内的不稳定引起的恢复稳定状态的活动。每一个心理活动都趋向于一种最简单、最平衡和最规则的组织状态，生命有机体一直在无序的不平衡中寻求有序的平衡，但同时又抗衡着无序的绝对平衡——死亡。作为一个耗散系统，生命的一个突出特征体现在它总是通过不断地吸取和耗散新的能量来对抗、阻止热力学第二定律——熵的增加。艺术则唤起个体的觉悟和冲动去阻止整个自然和社会

7」[英]理查德 · 帕多万 . 比例：科学 · 哲学 · 建筑 [M]. 周玉鹏，刘耀辉，译 . 北京：中国建筑工业出版社，2005.

8」辛华泉 . 空间构成 [M]. 哈尔滨：黑龙江美术出版社，1992：13.

9」[美]鲁道夫 · 阿恩海姆 . 中心的力量：视觉艺术构图研究 [M]. 张维波，周彦，译 . 成都：四川美术出版社，1991：3.

10」[美]鲁道夫 · 阿恩海姆 . 艺术与视知觉 [M]. 腾守尧，朱疆源，译 . 北京：中国社会科学出版社，1984：625.

图 3-26 不同的空间力象的平衡

普遍的熵的增加。所谓平衡，在生命过程中实际上仅仅是一种动态的和相对的力的平衡，视觉平衡就是大脑皮层中的生理力追求平衡状态时所生成的。因此，审美体验中的力是一种“具有倾向性的张力”，这种“具有倾向性的张力”并不是一种真实存在的物理力及由此引起的运动，而是人们在知觉某种特定对象时所感知到的“力”，即心理的“力”，其“着力点”总是导向物我、内外的平衡。（图 3-26）

柏拉图在《蒂迈欧篇》中将一切存在事物的基本构成要素归结为五种规则的立体形，勒·柯布西耶在《走向新建筑》一书中认为，建筑师应该注意的是构成建筑自身的平面、墙面和形体，并在调整它们的相互关系中，创造纯净与美的形式。他在书中所述：“建筑是对光线下的形体的卓越而正确的处理……立方体、圆锥、圆球、圆柱和金字塔形是光线给予优越性的伟大的原始形式……它们是造型艺术之本。”人们愿意将几何学图形看成是自然之最基本简单法则的显现，而一切复杂性都可以归结到这些简单法则上来。通常，视觉定向及其把握始于对易于理解的简单图形的处理。造型的基本要素是点、线、面、体。二维平面中的直线、圆、三角形、矩形以及三维立体中的球体、柱体、块体、锥体等可以说是造型基本要素中的基本图形，然而，这种简约的原型几何模式若要具有生命的魅力，就必须具备诸如虚实、明暗、有无、凹凸等正负、阴阳关系，仅靠平面、立体的这些概念，并不能说明空间艺术，与其相关联的还包括相应的空间力象——物与物、物与人之间由量和力引起的心理联系，即由松弛——紧张关系所引起的正负量感。它们的均衡与否、重心的偏正以及位置的前后等都能引起不同的心理反应，表现出不同的心理力象。

试验表明，人们对不同对象的判断是受其形状支配的，而不同的形状又有心理力象引起的不同“表情”。（表 3-1）。

表 3-1 各种基本形及其力象和“表情”

基本图形		力象和“表情”
直线：直线代表果断、坚定、有力，由于单纯所以是强力的、严格而冷漠的，具有男性感。细直线则因敏锐、神经质而稍带女性特征	水平线	向左右扩展，表示安定和宁静，大量使用则肃穆庄严
	垂直线	进取、超越，象征崇高的事物；表示上升的力、严肃、端正而有希望。大量重复则有悠闲感
	斜线	是动的，有不安定感，但让人感到有变化
面：可以是点的集聚、线的集合，或者是立体的切断，总之起分隔作用	圆形	给人以平衡感、控制力，一种掌握全部生活的力量
	椭圆形	因为有两个中心，令眼睛移动，不得安静
	三角形	若底边很大则富于安定感，给予不动的感觉。正三角形最为集中，顶点朝下极不安定
	四边形	端正，特别是正方形，与严格相反，有不舒畅感
	多边形	有丰富感，边的数量越多，曲线性越强
	垂直面	具有严肃、紧张感等，是意志的表现
	水平面	使人感到安静、稳定、扩展
	斜面	是动的，不安定。在空间中给予强烈的刺激
体：体是面的集合，不同的体有不同的表情	立方体	代表完整性，因其尺寸都是相等的，给观者一种肯定感。是非常规则的形态，看上去没有方向性，缺少动感。是一种静态，肯定的形式，端庄而且稳定。由它变化出的各种直方体就具有了明确的方向性
	球体	球体以及半球形穹隆顶，代表端正、完满，有强烈的向心性和高度的集中性。由它可推演出半球及各种不同的球冠形。卵形或椭球形则具有优雅的动感
	柱体	具有中心轴线呈水平向心形式，沿轴线有生长的趋势。由它发展出的形体可以有各种棱柱
空间体：一般说来，直面限定的空间形状表情严肃，曲面限定的空间形状表情生动	直方体空间	若空间的高、宽、深相等，则具有匀质的围合性和一种向心的指向感。给人以严谨、庄重、静态的感觉。窄而高的空间使人产生上升感，因为四面转角对称、清晰，所以又具有稳定感，利用它可以获得崇高、雄伟自豪的艺术感染力。水平的矩形空间由于长边的方向性较强，所以给人以舒展感；沿长轴方向使人有向前的感觉，可以造成一种无限深远的气氛，并诱导人们产生一种期待和寻求的情绪；沿短轴方向有朝侧向延展的感觉，能够造成一种开阔、宽敞的气氛，但处理不当也能产生压抑感
	圆柱形空间	四周距离轴心均等，有高度的向心性，给人一种团聚的感觉。如航空港登机楼中心大厅、基督教圆形拱顶
	球形空间	各部分都匀质地围绕着空间中心，令人产生强烈的封闭感和空间压缩感，有内聚之收敛性
其他几何图形		**力象和“表情”**
曲线：曲线代表优雅、轻快、闲适、宁静；曲线的中断产生激动和紧张、斗争、幽默。根据长度、粗细程度、形状的不同，常给人以柔软、流动、温和的印象	螺旋线	象征升腾、超然，摆脱尘世俗务
	几何性曲线	是理性的，有单纯、明快、充实感，往往用来表示速度感和秩序感
	自由曲线	奔放、复杂、富于流动感。通过处理手法，既可以成为优雅的形，也可以成为杂乱的形
曲面：有温和、柔软、流动的表情	几何性曲面	是理性的、规则的。根据面中含有直线或曲线的数量不同而具有各种表情
	自由曲面	奔放，具有丰富的表情。通过使用不同的处理手法可以产生有趣的变化
体	锥体	当锥体正置时，具有稳定感和向上的运动感。倒置时则最不稳定，具有危险感。当然，也有轻盈活泼和富于动感的一面。锥体有很强的方向性
	三角形体	具有稳定性（特别是它的大面着地时）和方向性。由于构成的面较少，构成的边又富于变化，故给人以活泼丰富的感觉
空间体	三角形空间	有强烈的方向性。围成空间的面越少，视觉的水平转换越强烈，也就越容易产生突变感。从角端向对面看去有扩张感。反之，有急剧的收缩感
	角锥形空间	各斜面具有向顶端延伸并逐渐消失的特性，从而使空间具有上升感和更强烈的庇护感，如教堂的尖顶
	环形、弧形或螺旋形空间	有明显的流动指向性、期待感和不安全感

外部形体的力象是凭借几何形体的虚实和凹凸关系、各种几何体的空间组合及其相互渗透并靠视点运动来认知的。外部形体无论多么复杂，都是由这些基本的几何形体组合变化而成。古罗马万神庙是半球体、圆柱体和方块体等基本图形组合的一个范例。圆形正殿是神庙的精华，其直径和高度都是43.43米，近似一个球形。殿内壁面分为两大部分：上部覆盖了一个巨大的半球形穹隆，穹隆由下至上密排了5层做凹陷线脚的方形藻井，下大上小，逐排收缩，增加了整个穹面的深远感，并随弧度呈现一定的节奏；穹隆下的墙面又以黄金分割比例作了两层檐部的线脚划分。穹顶的正中央开有一个直径8.23米的圆洞，作为室内唯一的光线来源。通过这个采光口，可以看到大自然阴晴雨雪的变化，阳光也通过它呈束状照到殿堂内。随着太阳方位角的转换，光线也产生明暗、强弱和方向上的变化。底层壁龛中的神像也依次呈现出明亮和晦暗的交替，增添了万神庙“天堂”般的意境，祈奉的人们犹如身处苍穹，与天国的众神产生神秘的感应。在艺术处理上，它尺度恢宏、造型完美、比例和谐，十分成功地表现了建筑壮丽雄浑之美。万神庙尽管巨大，却没有古埃及神庙那种沉闷的压抑感，它是空灵的、向上的、健康的，它的艺术主题通过单纯有力的空间、适度的细部装饰以及完整明晰的结构体系得以烘托。（图3-27）

力象所反映的象征意义和情感意味，就隐含在图形的形式因素之中，均衡带来的是心理的宁静愉悦，非均衡带来的是心理的俯仰敬畏。所以，从这个角度看，任何形式因素都具有审美的表现性，或者用贝尔的话来说，都带有特定的“意味”。对形式因素的自觉与强调，一定程度上是现代艺术的标志。国际风格就是以直线、直角、公式为表征来追求简洁实效和标准化的机器时代的产物。

创造性思维都是通过“（意）象”来进行的。这里的“象”非具体事物留在头脑中的印象，而是通过知觉的选择所生成的基于事物共性或代表内心情感的朦胧意象，它在构思过程中首先转化为既具体又抽象、既清晰又模糊的简单“图形”，依据心理力象，在想象空间中，被编排，被重新组合。图形在这里具有多重功能，隐含多种意义。不仅如此，有机生命本身及其形状还体现出生物的多样性特点，它们避免采取直线和直角。居住在城市里的人之所以出来遁入大自然，是因为他们要的就是复杂多变、丰富多彩。

图3-27 古罗马万神庙

（二）简单与复杂的辩证

事物的发展变化总是由简单到复杂再到更高层面的简单，如此周而复始，其感知是一种从各个层面观察到的平面形象的综合，并从知觉经验中推演出物体空间的综合视觉表象。贝聿铭的美国国家美术馆东馆，建筑平面根据地段特征由两个三角形构成，顶部由一个巨型三角形天窗将二者联系起来。建筑内其他部分的划分也都以三角形为母题，空间相互穿插重叠，丰富而不乱，充满和谐的韵味（图 3-28）。扎哈 · 哈迪德致力于寻求建筑的动态构成，通过用体块的化整为零、叠加、倾斜等手法来突破建筑设计的常规界面法则，从而体现出她所幻想的梦幻般的动态效果。可以毫不夸张地说，哈迪德的建筑是一种绘画性建筑，她将绘画与建筑进行了抽象化的糅合，其建筑“草图”本身就是一幅完整的抽象绘画。（图 3-29）

空间艺术从形式到审美充满了对立统一，其整合、取舍、选择等取决于设计者、观赏者的“眼光”——视点、视角或者说“完形”的对象。密斯·凡德罗的“少即是多”、罗伯特·文丘里的“少即是乏味”等都有其合理的内核。显然，过犹不及，任何过度的简约都会导致贫乏单调，任何过度的复杂也

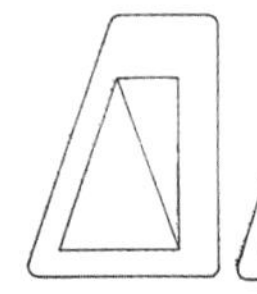

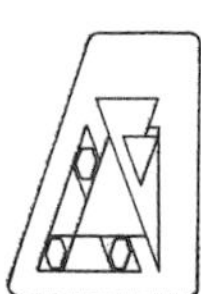

图 3-28 美国国家美术馆东馆　贝聿铭

图 3-29 抽象建筑画　扎哈 · 哈迪德

图 3-30 少与多的辩证

会显得堆砌烦琐。“少”与“多”常常是互补和互动的，在丰富中往往需要凝练的综合，而在明晰中也需要丰富加以补充（图 3-30）。在实际构思设计中，“少”和“多”之间存在一个“度”，这需要设计师通过对具体环境以及所服务的对象等因素有充分的了解之后，才能有一个适当的把握。不同时代和不同艺术家的作品，其中蕴含的张力的大小各不相同，而且，物像的简化程度和张力的大小成反比。形体越是简化、有序，张力越小；反之，越是复杂、无序，张力越大。此外，图形之间因空间距离还存在相互干涉。按物像的近相吸、远相斥原则，可以观察分析形体之间的亲近性、相对独立性和分离性。以两个物像 a、b（其中 a > b，D 为间距）为例：当 D ≤（a+b）/2 时具有亲近性；D=2a 时具有相对独立性； D > 2a 时彼此分离（图 3-31）。当多数物像处于一个视觉力场中，由于力象作用出现平衡点（力能聚集、内向）与中转点（力能外射、相斥），就物像统一性来说，平衡点与中转点的向量，前者相向，后者向背。空间艺术处理中应该强化相向性，改造向背性。另一方面，城市空间的大小、形状对于精神感觉的影响很大，这可以从绝对大小（以人体为尺度）和相对大小(限定空间的面的高宽与距离的比例关系)两个方面予以分析。宏大的空间使人感到渺小，觉得不可控制，因而产生崇高、敬仰的感情。低矮的空间有宁静、亲切的感觉，但处理不好也可能造成压抑、郁闷的感觉。单一的空间主要引起主体视线的运动，而多样的空间组合除了造成视线运动之外，则更有亲身经历的运动，因而能造成节奏、序列等更丰富的空间变化。

观察物像，视觉上产生运动和方向，构成力感与动感，在心理诱导方向上产生力度，形成视线并在中心——边沿效应中构成注视中心等；视觉中的秩序、视觉诱导、线条等都具有方向性，同一个空间、同一个物像，由于长短、高低、宽窄、线条方向、中心（重心）偏移等的不同都会导致不同的力的趋势和不同的方向感；视野中有动静感觉，视线是动的，视点是静的，二者之间孕育着物像诸因素的构成，形成一个有机的整体；根据力能性、形体的间距、疏密、对称与否等，都可通过视觉的恰当处理，取得协调……以上这些都是视觉力能性的反映。能够引发丰富的心理力象。物像所产生的分散与凝聚，都是心理力象在一定范围内相互关系与矛盾变化的结果。

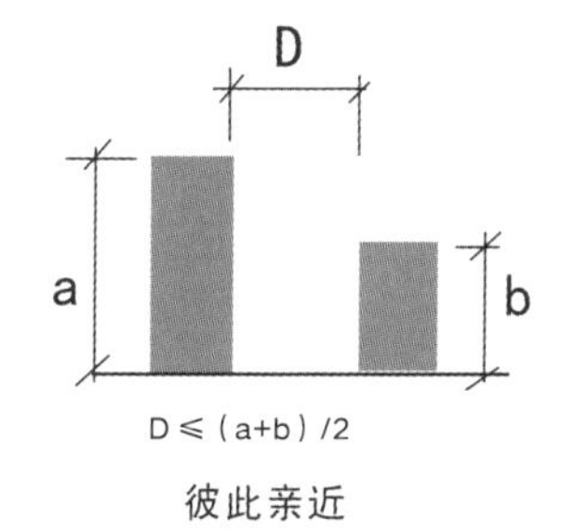

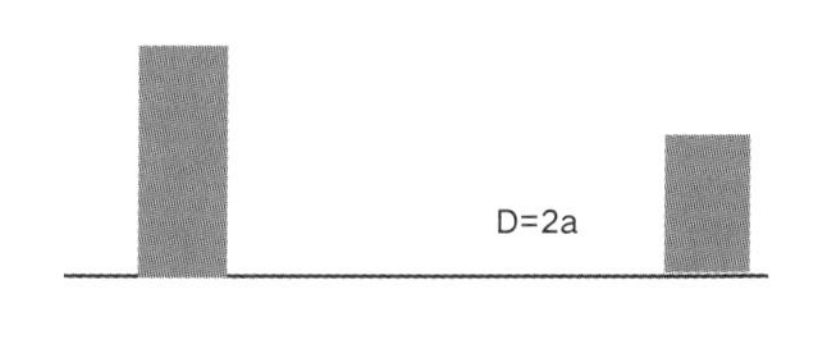

相对独立

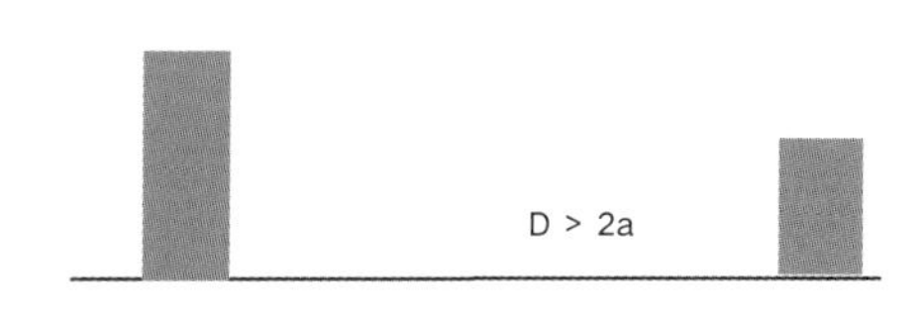

彼此分离

图 3-31 距离引起的亲疏感

空间形状与限定空间的实体形状有关，周围的限定面的形状都会影响空间形状。其中，地形地貌的形状因直接影响行为和观看等体验方式而起着明显的主导作用，而同一空间的其他各相关限定面的形状、比例，对于空间形状的决定则起着辅助作用。这就带来两种创造空间形态的思路：一个是从限定面的形状出发决定空间形状；另一个是从空间形状出发决定相关的限定面。前者注重实体形状，后者则着眼于空间形状。欲掌握前者的创造规律，还必须了解限定面的基本类型及其“表情”（表 3-2）。

表 3-2 地形地貌的空间力象及其“表情”

<table>
<tr><th colspan="2">地形地貌</th><th colspan="2">空间表情</th></tr>
<tr><td rowspan="6">地形地貌是人类全部空间活动的基础。任何空间限定要素都要与其相结合。它既有起伏、波动之力，亦有平静、和缓之势</td><td>平地</td><td colspan="2">使人感到轻松、自由、安全，若在视觉上缺乏空间的垂直限制则容易产生旷野恐怖症</td></tr>
<tr><td rowspan="2">高低起伏，若起伏平缓给人以美的享受和轻松感；陡峭崎岖则易造成兴奋和恣纵的感受</td><td>凸起</td><td>有隆起、腾达之势，使人兴奋（如天坛的圜丘、故宫太和殿基座等）</td></tr>
<tr><td>凹陷</td><td>有降落、隐蔽之势，围合性很强（如越战纪念碑、洛克菲勒总部大厦前的普罗米修斯广场）</td></tr>
<tr><td>台地</td><td colspan="2">有开阔的视野，富于层次，容易构成笔直正交的轴线和引人注目的透视线。因视平线的各种高度及视距的变化又极易带来屏障的不悦目感</td></tr>
<tr><td>斜地</td><td colspan="2">具有动态特征（明确的运动导向、强烈的流动感），并能限制和封闭空间。越陡越高，外空间感越强。反之，也有令人不舒服和不安定感</td></tr>
<tr><td>架空</td><td colspan="2">与支承相结合构成横断，有莅临、探海之势。达到一定高度、其下部就具有了天覆的限定效果</td></tr>
</table>

空间无形且不可测定，必须经限定才能显形，故空间形态的创造离不开实体形态。但是，空虚不仅仅是立体的附属物，它还有其自身的意义，如林樱的越战纪念碑、亨利·摩尔雕塑中的孔洞、卡博的透明材料空间构成等。而且，宽窄、高低等空间量以及它们的断续、曲折、节奏等都会引起各种不同的空间知觉，如过窄的空间会引起闭锁恐怖感，反之则引起广场恐怖症。那么，空间的宽与窄究竟该如何定量呢？在重视空间实用性的当今社会中，广度多由空间行为的良好程度来决定，而对于与行为空间较少直接关系但涉及心理空间的高度则常常被忽视。对于精神性空间来说，广度和高度是相对的，并非完全以人体为尺度。哥特式与文艺复兴时期的巨大空间，是根据所谓“神的尺度”建造的，这些大墙面、大天棚通过无数凹凸的雕刻装饰，能产生巨大的空间规模，酝酿出虚无缥缈的气氛。不过，在极小的空间中也可以看到与狭窄相反、实现自由的精神世界扩展的例子，我国南方传统的私家花园那紧迫却又丰富的空间变化就是如此，它能够凭借如门窗等各种符号假借出一个想象空间，或者于曲径通幽处给予更多的空间暗示（图 3-32）。

图 3-32 假门窗及曲径对空间的暗示

表 3-3 立体形态与空间形态的差别

立体形态	空间形态
三次元（凸状）	三次元（凹状）
城市实体（占有空间）	城市空间（包围空间）
实在的映像	运动的虚像
靠视觉和触觉从外部直接感知	靠视觉和运动从内部关系中间接认知
创作方法是从有限的形体向有限的形体或有限向的形体向无限的形体做组合	创作方法是从无限空间向有限空间的界定

从创造的角度来讲，空间的实体与虚空都是城市空间艺术的对象，因为立体形态被感知的是实体本身，是正形，所以创作方法是从有限的形体向无限的形体做发展组合；空间形态被感知的主要是实体间的相互作用，所以创作方法是从无限空间向有限空间的界定。这就造成了创造空间形态的两个方面：正形（实体）和负形（空虚）。正形和负形自然是不可分割的有机整体，这也体现了空间形态的本质——“有之以为利，无之以为用”。正形为“利”负形为“用”，二者相辅相成为一个整体。立体形态与空间形态的差别，如表 3-3 所示。

视觉心理力的机制，在于引导人们的注意，传递、转移外界信息，在移步换景中能够完整地理解客观物像。图形、意象是一个力的系统，奇妙的张力是城市空间艺术的特征，每一次解决方案都是对立面的平衡。“运动”本来并不是艺术最适合表现的题材，却可以通过将运动转化体偏离了正常的位置时所蕴含巨大张力的姿势来表现其运动的趋势。展现空间艺术的运动感有两种表现方式：其一是从内容上不去描写事件的高潮，而是略为提前，让观众自己去完成和补充整个动作，以此获得运动感。这种方法叫作“诱发紧张”，与格式塔心理学理论一致，知觉会组织起最佳形式来保持与素材的一致。其二是模糊物体尤其是物体轮廓的边沿，或者让几个运动的过程在一个形象上表现出来。这是一种不动之中的“动”，即“具有倾向性的张力”（图 3-33）。正是这种不动之动的“张力”，才是表现性的基础、艺术的生命、审美体验的前提。这种情感体验之所以特殊，是因为审美不仅仅是对于物像物理特征的把握，它还是对形成于大脑中的相应的力能活动的一种心理体验。

图 3-33 表现运动的方式

虽然艺术作品本身几乎没有提供与眼睛的关系，但成功的作品能引出关系，并使这些关系成为空间、光以及观赏者的视觉场的一种功能。作品要求观赏者用自己的头脑来补充、完善作品本身并不具备的复杂的东西并领会和体验散发于其中的“人类情感”。即使在抽象艺术中，那些古老的主题仍然不衰：无论是在蒙德里安作品中表现出来的古典主义的冷峻，还是康定斯基早期作品中浪漫主义的欢悦，都有着许多人性的流露。“所有建筑都主张对人类心灵的影响，而不仅仅是为人体服务。”[11] 世上的一切事物都是物质和形式（即几何性）相结合构成的。没有脱离形式的物质，也没有脱离物质的形式。空间艺术形态在心理上意味着图形的变化和趋势以及由此引起的心理作用和情感反应。

辩证地利用少与多、主与从、虚与实以及协调与对比，是城市空间艺术设计的重要原则。大小空间的穿插组合，地形的有机变化以及造型要素的合理运用等直接影响着人的视觉体验。汪裕雄在《审美意象学》一书中提出，合理地调节与强化视觉环境反映了人对环境的心理平衡的诉求。事实上，环境张力的紧张可以刺激和激励有序而生活平庸的人；环境张力的松弛可以缓解和安抚无序且生活忙碌的人。在城市空间艺术设计中追求视觉美感，其目的在于迎合人们多元的精神需求，建立起文化与环境对话的通道。往往标志性的城市空间、建筑和雕塑能够以简约特殊的形象代表整个城市。中国传统城市就常常以（城）门、塔、阁、碑、坊作为城市标志，未入其境，先阅其景，起到视觉诱导作用。（图3-34）

尽管简洁的几何图形不是自然中的事物，但它们却始于自然的启发。作为人类抽象的结果，它能够帮助人类按照自己的理想和愿望塑造空间，建构城市。

图 3-34 阆中古城

11」约翰·罗斯金．建筑的七盏明灯 [M]. 张粼，译．济南：山东画报出版社，2006：第一章开篇语．

三、色彩与情绪

外界物体除了那些客观的主要特性如质量、体积、形状、数量等以外，还有某些“人为”的从属特性如颜色、声音、味道、温度等。这些从属特性虽然也是物体的一部分，但是人们对之却可以有不同的“解读”，进行不同的想象并用来表征各自不同的文化。一个时代的艺术如何对待色彩，在很大程度上也反映着当时的文化。眼睛对光与色的感受是按自然方式进行的，即由外到内。对线条和形状则先是根据观看者早已掌握的观念加以比较，也就是说，是从眼睛向外投射出来的，与感受光与色的过程相反，但这并不等于对光的感受就是纯粹客观的。

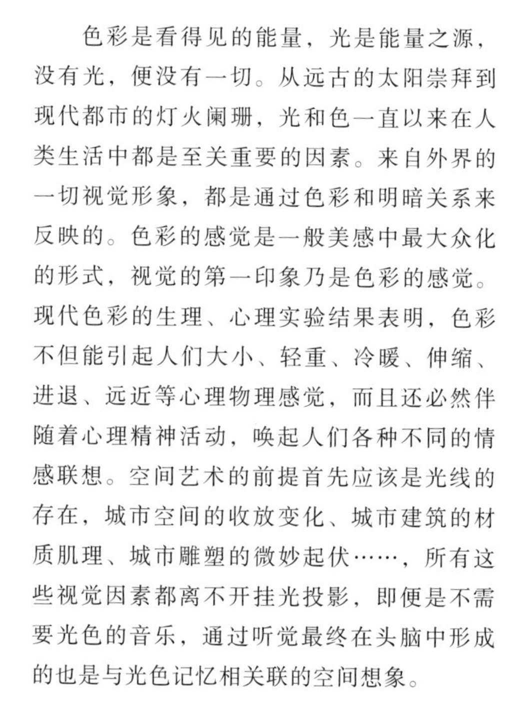
色彩是看得见的能量，光是能量之源，没有光，便没有一切。从远古的太阳崇拜到现代都市的灯火阑珊，光和色一直以来在人类生活中都是至关重要的因素。来自外界的一切视觉形象，都是通过色彩和明暗关系来反映的。色彩的感觉是一般美感中最大众化的形式，视觉的第一印象乃是色彩的感觉。现代色彩的生理、心理实验结果表明，色彩不但能引起人们大小、轻重、冷暖、伸缩、进退、远近等心理物理感觉，而且还必然伴随着心理精神活动，唤起人们各种不同的情感联想。空间艺术的前提首先应该是光线的存在，城市空间的收放变化、城市建筑的材质肌理、城市雕塑的微妙起伏……，所有这些视觉因素都离不开挂光投影，即便是不需要光色的音乐，通过听觉最终在头脑中形成的也是与光色记忆相关联的空间想象。

论城市公共艺术色彩及其特征

（一）基本色及其性格联想

一切色彩感觉是客观物质（包括光和物体）与人的视觉器官交互作用的结果，是主观和客观相碰撞的反应。视觉——空间感、色感早在人类的前身就已具备，而其意义却是伴随生命意识在人类漫长的文明过程中形成。原始人用矿物颜料和植物染料涂抹文身，以色彩斑斓的动物羽毛、兽皮和染以颜色的石珠、兽牙、贝壳装饰自己，这些原始的色彩装饰行为无不具有原始氏族图腾符号、血缘标记、除邪祛病和吸引异性等意义。环境的明暗、颜色的冷暖作为精神象征无疑也深深植根于早年的巫术礼仪并反映在图腾禁忌中（包括建筑、雕塑在内的原始人类创造毫无例外地被赋予各种颜色），它们能够明显地影响甚至左右人的情绪。

《周礼 · 考工记》提出 “画缋之事杂五色”，建构了阴阳五行、五色的时空一体结构：在五行、五色时空关系中，东方为木性，直高，肝部；太阳始升于此，万物随之生茂，在时为春，在卦为震，在星象称“青龙”，其色为青。南方为火性，尖形，心目；在时为夏，在卦为离，在星象称“朱雀”，其色为赤。西方为金性，圆形，肺部；太阳退降于此，草木凋零，万物肃杀，在时为秋，在卦为兑，在星象称“白虎”，其色为白。北方为水性，波曲，肾都，在时为冬，在卦为坎，在星象称“玄武”，其色为黑。土居中宫，方平，脾胃；能调节金、木、水、火之不足，节制诸类之盛，其色为黄。地土与天体对应，地谓黄，天谓玄（黑），天地玄黄，乾坤交合。阴阳五行、五色的时空一体结构是对五色的方位和时间的统杂与彰明，体现了艺术以自然时空为本体的宇宙观念。五色在这里按照五行相生的顺时针旋转方向相交，包含着依照四时循环秩序、因时取势、随类赋彩、随机应变的协同观念。五行相生相克，而相生与相克，并非绝对，又有辩证关系。相生，被生者受益，生者受耗。相克，视性质和程度而有损有益。金克木，木若旺，适当克，木可成材；火克金，适当克，金可成器。城市景观在色彩上，如果红白相间，红不宜过多，白宜为主。在车水马龙、人流多的地段，建筑物墙角、花坛转角、栏杆等不宜尖锐，尖为火，水火不兼容；建筑的形与色应避免形、色相克，如高大尖顶的楼房属“火”形，应避免黑色的“水”性……

人类虽然种族不同、肤色有别，但是具有共同的生理机制和情感反应。根据实验心理学研究，人们在色彩心理方面的共同的感应主要体现在冷暖、轻重、强弱、软硬、明快与忧郁、兴奋与沉静、华丽与朴素、舒适与疲劳、积极与消极等方面。歌德认为一切色彩都位于黄色与蓝色之间，他把黄、橙、红色划为积极主动的色彩，把青、蓝、蓝紫色划为消极被动的色彩，绿与紫色划为中性色彩。积极主动的色彩具有生命力和进取性，消极被动的色彩是表现平安、温柔、向往的色彩。色彩的积极与消极主要与色相有关，同时又与纯度和明度有关，高明度、高纯度的颜色具有积极感，低明度、低纯度的颜色具有消极感。

色彩也是由最单纯的“质”——红、黄、蓝（若是光源色，则为红、绿、蓝）合成。色彩能够唤起各种情绪，表达感情，甚至影响我们正常的心理感受。有证据表明，我们对色彩的感觉在一些可测量的生理、心理反应中都能测到一定的强度（表 3-4）。不仅如此，不同的色调也能产生不同的心理联想（表 3-5）。

色彩人格化的移情，暗示着它具有不同的性格和表现力。色彩联想是模糊的、多元的心理活动，其因果关系十分复杂，所以色彩常常具有多重性格，任何色彩的表现性都既有其积极的一面，也有其消极的一面。色彩还与社会文化、习俗、宗教有密切关系，文化传统确定色彩的象征意义。如紫禁城的屋面为大面积的金黄琉璃瓦，以象征五行居中的土，又用五行相生中火生土的思想，把墙壁、油饰做成大面积的赤色，以便中央土的循环生化；由于五行相克中木克土，因而故宫外朝中轴线上很少用绿色油饰，也不种树木，以防木的色彩克土。但在宫后苑及万岁山做了以木为主的御园，因这样做符合北方为水，水生木的道理。此外，北京城的艺术构思还体现在色彩的分布及其相互关系上：紫禁城华贵的金黄色琉璃瓦在沉实的暗红墙面和纯净的白色石台石栏的衬托下闪闪发光，散在四周的坛庙色彩与其遥相呼应；而周围的大片民居则以灰色调作为宫殿区的陪衬，它们又全都统一在绿树之中，呈现出图案式的美丽。不同的城市有着各自独特的整体色调，如巴黎的灰色，旧金山的白色……旨在维护这种独特色调的政策也不鲜见，如在耶路撒冷，法律规定城市周边所有现代建筑都必须以耶路撒冷石作为贴面，由此产生出一种自然的色彩，在黎明和日落时，这种石头给城市披上了一层金色的光芒。人对色彩和形状的反应与个性情绪有关。情绪乐观的人一般容易对色彩起反应，而心情忧郁的人则容易对形状起反应。对色彩反应占优势的人易受刺激，反应敏感，情绪不稳，易于外露，性格开放；而对形状反应占优势者则大都性格内向，自控能力强，处事稳重，不轻易动感情。前者为感情型，后者为理智型。

总而言之，色彩超出了简单的信息与素材范围，与人们的联想分不开，在心理上关联到感情与情绪。尽管人们可以通过波长和亮度，从物理上确定一种颜色的色相和明度，但是从知觉经验来讲，并不存在这样客观的恒定标准。色彩配合如同音乐谱曲，七个音符可以谱写各种动听的曲调。同样，红、橙、黄、绿、青、蓝、紫七种颜色可以构成各种色调。然而并不是所有的声音和色彩的配合都会给人以美的享受，没有节奏旋律的声音只能是噪声，没有统一的色彩只能是视觉感官的刺激。色彩配合的美感取决于是否明快，既不过分刺激又不过分暧昧，过分刺激的颜色容易使人产生视觉上的疲劳和心理上的紧张烦躁；过分暧昧的配色由于过分接近、模糊不清以致分不出颜色的差别，同样也容易产生视觉疲劳和心理上的不满足，感到乏味无趣。因此，对比与调和、变化与统一是色彩关系的基本法则。

表 3-4 几种主要颜色的心理联想

颜色	心理联想	其他性质
红	红色代表血腥、雄性、庄严、神圣、强烈、温暖、热情、兴奋、活泼，是太阳、血与火的色彩。联系着力量、地位、坚韧、喜庆、幸福、希望、吉利等概念，具有青春活力，十分引人注目。然而过于暴露，容易冲动，过分刺激，因此又象征野蛮、恐怖、卑俗和危险。红色环境中的人心跳、呼吸加快，血压升高 粉红色是温柔的颜色，代表健康、梦想、幸福和含蓄，温和而中庸。如果说红色代表爱情和狂热，那么粉红色则意味着似水柔情，是爱情和温馨的交织	红色虽没有黄色那么明亮，但它的波长最长，知觉度高，红色加黄具有温暖感，加青时其色性转冷。红色在青绿色背景上好像燃烧的火焰，在淡紫色背景上似乎有死灰复燃之感。红色与黑、白相配，强烈明快；红色与其补色青绿色相配，最能发挥它的活力 红色往往能够构筑庄严宏大的氛围，并与蓝天碧海形成明显的冷暖、动静对比
橙	橙色是光感明度比比红色高的暖色，象征美满、幸福，代表兴奋、活跃、欢快、喜悦、华美、富丽，是非常具有活力的色彩。它常使人联想到秋天的丰硕果实和美味食品，是最易引起食欲的色彩 橙色在我国古时称朱色，是高贵富有的象征 佛教僧侣袈裟亦是橙色	橙色与黑、白、褐色相配，色调明快，易于协调。橙色混合白取得高明度的米黄色，柔和温馨，是室内装饰中最常用的色。橙色富有南国情调，因此比较适合作皮肤黑而具有个性的人的服装色彩。由于橙色醒目突出，是常用的信号、标志色
黄	黄色是阳光的象征，代表光明、希望、高贵、至尊。鲜明欢快，给人以辉煌、灿烂、柔和、崇高、神秘、威严超然的感觉。相反，黄色也象征下流、猜疑、野心、险恶，是色情的代名词。淡黄色使人感到和平温柔；金黄色象征高贵庄严 中国尚黄，在方位中代表中央，是古代帝皇的专用色。象征权威、尊严和至高无上。在古代罗马，黄色也被当作高贵的颜色，象征光明和未来。基督教徒视黄色为出卖耶稣的叛徒犹大的服色，因此，黄色也是罪恶、背叛、狡诈的象征 黄色和橙色是金秋时节的色彩，象征丰收的喜悦和欢快	比红色明亮但纯度次于红色，黄色如果不干净，混合起来会有刺眼、病态、厌恶的感觉。黄色在所有色相中为最富有光辉的明色，但又是色性最不稳定的色彩，如果黄中加入少许黑、蓝、紫等色时，就立即失去了本来的光辉。黄色在白色背景上由于明度接近，色彩同化而显得暧昧；唯黄色在深暗的色调背景上，最能表现一种辉煌欢快的情调
绿	绿色被喻为生命之色，象征和平、青春、理想、安逸、新鲜、安全、宁静，代表生命、生机，充满和谐与安宁，给人以极大的慰藉 带有黄光的绿色是初春的色彩，更具生气，充满活力，象征青春少年的朝气；青绿色是海洋的色彩，是深远、沉着、智能的象征；当明亮的绿色被灰色所暗化，难免产生悲伤衰退之感	绿色是大度的，它不与红花争宠，它不像黄色那么炫耀、蓝色那么深沉、白色那么冷峻，它平凡而随和。由于绿色具有消除视觉疲劳和安全可靠之功能，在色彩调节方面具有十分重要的意义。它是有弹性的色彩，传达了能量与平衡两种品质，这表现在其蓝、黄两种组成成分中
蓝	蓝色能使人联想到无边无际的天空和海洋，象征广阔、幽深、浪漫、遥远、高深、博爱和法律的尊严，带有沉静、理智、大方、冷淡、神秘莫测的感情 我国古代蓝色代表东方，表示仁善、神圣和不朽 在西方，蓝色是贵族的色彩，意味名门血统。蓝色又具有寂寞、悲伤、冷酷的意义。蓝色的音乐为悲伤的音乐 碧蓝色是富有青春气息的服色，表现沉静、朴素、大方的性格 深蓝色（海军蓝）是极为普遍而又常用的色彩，极易与其他性格的色彩相协调，具有稳重柔和的魅力	蓝色在黄色背景下显得非常深，并失去了光泽；如果将蓝色掺和白色，提高到与黄接近时，黄色背景上的蓝色具有冷色之感。蓝色在黑色背景上会发挥其明亮和纯粹的未来象征，在深褐色的背景上，将恢复生气感 常用来营造思考的环境
紫	紫色具有高贵、优雅、神秘、华丽、娇丽的性格，给人以神秘的幻觉。紫色是象征虔诚的色彩，但当紫色加黑暗化时，又象征蒙昧和迷信 紫色与黄色互补色配合，强烈而刺激，具有神秘感。偏红光的紫罗兰色非常高贵典雅	在环境中，是空间和距离逐渐增加时出现的色彩 紫是红与蓝的组合，有各种色相，可冷可暖，由其组成成分的趋势而定 纯紫色与其他色很难搭配

续表

颜色	心理联想	其他性质
黑	黑色代表黑暗、寂寞、苦难、恐怖、罪恶、灭亡、神秘莫测 黑色又具有庄重、肃穆、高贵、超俗、渊博、沉静的意义 黑色本身是消极的中性色彩，可是它与其他鲜明色彩相配，鲜明之色将充分发挥其性格与活力 基督徒着黑色衣服	在中国古代哲学中，“玄”即“黑”，为众色之首。古有“天玄地黄”之说，天上黑色为尊，地下黄色为贵。因此，天之色“玄”当有派生一切色彩并为高于一切色彩之主色 道家“尚黑”的思想对中国早期的绘画如彩陶纹锦、战国的帛画和漆画以及中国绘画都具有深远的影响
白	白色是最明亮的颜色，象征纯洁、光明、神圣，具有轻快、朴素、清洁、卫生的性格。白色在西方象征爱情的纯洁 各种色彩掺白提高明度成浅色调时，都具有高雅、柔和、抒情、甜美的情调，大面积的白色容易产生空虚、单调、凄凉、虚无、飘忽的感觉 白色在西方和西藏代表纯洁，在汉文化中则代表死亡	白色明度最高，能与具有强烈个性的色彩相配
灰	灰色属无彩色，是黑白的中间色，浅灰色的性格类似白色，深灰色的性格接近黑色。代表沉着、平静，但也可能导致冷酷 纯净的中灰色稳定而雅致，表现出谦恭、和平、中庸、温顺和模棱两可的性格。任何有彩色掺和灰色成含灰调时都能变得含蓄和文静	能与任何有彩色相合作。常常用作背景，以衬托出各种色彩的性格与情调
金属色	金属色是色彩中最为高贵华丽的色，给人以富丽堂皇之感，象征权力和富有 金色华丽，银色高雅 金色是古代帝王的奢侈装饰，象征帝王至高无上的尊严和权威。金色也是佛教的色彩，象征佛法的光辉以及超世脱俗的境界	金属色主要指金色和银色，金属色也称光泽色。金属色能与所有色彩协调配合，并能增添色彩之辉煌 金色偏暖，银色偏冷 金色是最具反光的颜色，具有强烈的视觉引导作用，即便是阴晦天气，也比其他环境色明亮突出埃及的金字塔、方尖碑，中国皇城的黄瓦大屋顶等，皆是利用了金色的这一特质

表 3-5 色调的心理联想

色调	心理联想
鲜色调	艳丽、华美、生动、活跃、欢快、外向、兴奋、悦目、刺激、自由、激情
亮色调	青春、鲜明、光辉、华丽、欢快、爽朗、清澈、甜蜜、新鲜、女性化
浅色调	清朗、欢愉、简洁、成熟、妩媚、柔弱
淡色调	明媚、清澈、轻柔、成熟、透明、浪漫
深色调	沉着、生动、高尚、干练、深邃、古风
暗色调	稳重、刚毅、干练、质朴、坚强、沉着、充实、男性化
浊色调	朦胧、宁静、沉着、质朴、稳定、柔弱
灰色调	质朴、柔弱、内向、消极、成熟、平淡、含蓄
暖色调	温暖、活力、喜悦、甜熟、热情、积极、活泼、华美
冷色调	寒冷、消极、沉着、深远、理智、幽情、寂寞

（二）形色合一

色彩的性格和表现力既具有时代性、民族性、社会性和功能性，又必须与形态相结合，对形、色的把握能力还因观察者所受教育、文化熏陶的不同而异。在色与形的关系问题上，立体主义画家看重形，而把色彩降低为附属性的表现符号；印象派画家则强调色彩的魅力，他们画“看到”的色彩而不是“固有”的色彩；野兽派画家将色彩从视网膜映像中解放出来，并将其用于变化的形体中表现人的情绪；而抽象表现主义摒弃任何必要的形象，直接用色彩表现纯粹的、抽象的和主观的情绪；视幻艺术家甚至将色彩从感情品质中解脱出来，也不受文化的限制和影响，直接付诸知觉思维。鲁道夫 · 阿恩海姆在《艺术视知觉》一书中将形状比作富有气魄的男性，将色彩比作富有诱惑力的女性。在视觉艺术中，形与色实际上是一体两面，色依附于形，形由不同的色来区分，形、色是不可分割的整体，色彩的语言表达离不开具体的形，哪怕是抽象的几何圆形。

颜色的色相、明暗、深浅在视觉上往往会引起形体自身以及形体与形体相互间的扩张与收缩、离散与凝聚、前进与后退。当各种不同波长的光同时通过水晶体时，聚集点并不完全在视网膜的一个平面上，因此在视网膜上的影像的清晰度就有一定差别。长波长的暖色影像在视网膜上形成的影像模糊不清，因此具有一种扩散性；短波长的冷色影像相对较清晰，具有某种收缩性。色彩的膨胀、收缩感不仅与波长有关，而且还与明度有关。明度大则体积膨胀，明度小则体积收缩，其膨胀收缩范围约为物理体积的 ±4.0%。法国国旗最早是由面积完全相等的红、白、蓝三色组成，但人们始终感觉三色的面积并不相等，在召集有关色彩专家进行专门研究后，最终按色彩的膨胀、收缩比重新调整了满足视觉相等感觉的三色面积比例。另外，眼睛在同一距离观察不同波长的色彩时，波长长的暖色如红、橙等色，在视网膜上形成内侧映像；波长短的冷色如蓝、紫等色在视网膜上形成外侧映像。因此，在色彩心理上，往往暖色近、冷色远。据统计，在色彩的进退量中，进退的心理距离为物理距离的 ±6.5%。其中红色为进色，进退量为 ±4.5%，蓝色为退色，其进退量为 ±2.0%。暖色形体前进与冷色形体后退的性质构成了绘画透视的又一条基本规律。形体透视的近大远小和色彩透视的近暖远冷是绘画的两条最基本的法则。

物像周边的环境是色彩感觉最具影响力的参考框架，同一色彩放在不同的环境中会有不同的明暗、鲜灰变化乃至色相的变化。至于光线与黑白灰，在空间艺术中的反映也比比皆是，其中最突出的反映是明暗关系、虚实变化、阴影分配等，阴影能够帮助我们感受体积、强度、质感和形状。无论哪一方面的变化，都会影响和改变构筑物的情调，同时，由于所处环境、气候不同以及时间的变迁，构筑物的光（亦包括色）就有很大的随意性。在设计中如何更好地把握主要环节，则是建筑师、艺术家需要研究的症结。色与形还有着性格上的对应关系。色彩学家通过对色与形性格的理性分析，力求找出它们之间的性格对应关系，使色与形取得更为完美的结合，并最大限度地调动色与形的潜在艺术感染力。约翰 · 伊顿认为，红、黄、蓝三原色与正方形、正三角形、圆形三种形状相对应。正方形的特征是四个内角都为直角，四边相等，象征安定、正直、明确，红色符合正方形所具有的性格特征；正三角形的三条边围绕着三个60° 内角，象征思虑、积极、激烈，黄色符合正三角形所具有的性格特征；圆形象征温和、圆滑、轻快，富有运动性，蓝色符合圆所具有的性格特征。橙、绿、紫等二次色（间色）在形态上为正方形、正三角形、圆形的折中，各带有两个基本形态混合而成的特征，橙为梯形，绿为圆弧三角形，紫为椭圆形。

色彩的伸缩、进退、冷暖感、黑白灰，以及色彩的重量感、体积感、距离感，对于城市建筑、雕塑的尺度比例、明暗关系、色块大小、材料的组织都有密切的关系。和谐是色彩美永恒的主题，协调和利用光线、色彩、材质、质感等，可以塑造极具魅力的空间性格，优化城市环境，升华独特的城市意象。

秩序、等级及其象征是世界上的普遍现象，它们在人与人和人与物的关系中体现为一种可知觉到的心理力象，一种“式”与“势”的统一。空间艺术需要想象，需要大脑右半球来描写整体外形轮廓，需要大脑左半球来鉴定细节和内部因素，两个半球互为补充，艺术符号是共同作用的结果。尽管它们的协调机制还有待进一步的探索，尽管我们明知有建基于知觉而又不同于知觉的直觉的存在，而科学家和哲学家至今未能对如此重要但又理解模糊的能力做出令人信服的解释，但不管怎样，笔者相信将来的脑科学一定能够解决这些神秘的问题。艺术的美妙在于诱发丰富的想象和幻觉，留给人们更多、更持久的审美回味。只有当我们能够主动扬弃预先建立的空间与时间框架，用不带任何偏见的眼睛和心灵去挖掘新的知觉经验时，我们才会有所突破，有所超越。现代绘画通过主观重构拒绝透视，探求纯粹形式和表现情感；现代建筑拒绝传统，追求适于运动心理的空间组合与“异形”，现代雕塑拒绝人物写真，追求表现情感的夸张、变形和抽象，其目的都试图在对立、冲突中寻求心灵的平衡、和谐与慰藉。人居环境空间艺术作为文化现象始终在破与立的交替中发生和发展，规矩和界限也在不断地补充、变更和扩展。

资料来源：

图 3-7：四川美术学院周济安供稿
图 3-10：刘育东 . 建筑的涵意 [M]. 天津：百花文艺出版社，2006：78.
图 3-17：罗文媛，赵明耀 . 建筑形式语言 [M]. 北京：中国建筑工业出版社，2001：214.
图 3-25：黄建敏 . 贝聿铭的世界 [M]. 北京：中国计划出版社，1996：81.
图 3-26：《大师系列》丛书编辑部 . 扎哈 · 哈迪德的作品与思想 [M]. 北京：中国电力出版社，2005.
图 3-27：刘育东 . 建筑的涵意 [M]. 天津：百花文艺出版社，2006：78.
图 3-30：欧阳英 . 西方美术史图像手册 · 雕塑卷 [M]. 杭州：中国美术学院出版社，2003.

Chapter 4

078
/
107

第四章

外部空间设计方法

External Space Design

阿尔伯特·爱因斯坦：

把我们引向深入的只能是

大胆的思考，

而不是

事实的积累。[1]

方法既是对实践的总结，也是对认识的展开。建筑史和艺术史上最常用的表现空间及造型的方法包括平面图、立面图、剖面图、透视图和效果图等。但归根结底，整体总应先于剖析，结构总要先于装修，空间总要先于装饰。

1」[英] 布莱恩·麦基. 哲学的故事（修订袖珍版）[M]. 季桂保，译. 北京：生活·读书·新知三联书店 .2015：221.

第一节

建筑学的方法

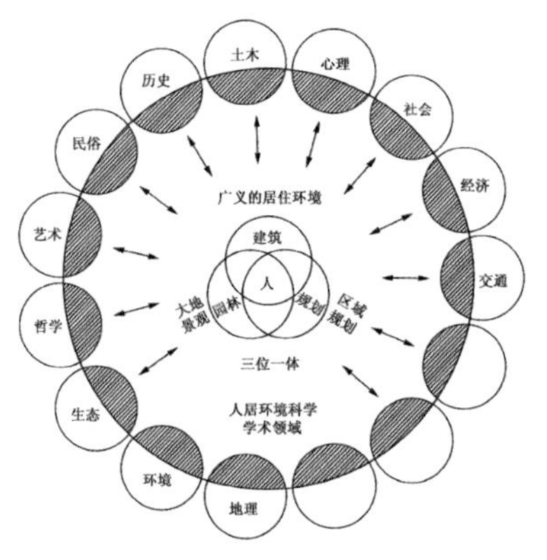

图 4-1 人居环境科学创造系统示意

一、建筑方法概要

设计路径：

1 宏观：

建筑——景观——规划三位一体，融会贯通的人居环境科学群。（图 4-1）

2 微观：

田野考察——资料收集——综合分析（问题的提出）——设计环节（解决问题的方法）——预测（可能的发展方向）。

二、建筑方法逻辑

外部空间设计是培养雕塑专业学生对雕塑外部环境理解与认识的重要课程，解决学生对基本场地环境空间的设计和应用。外部空间设计亦是雕塑专业空间设计的基础课程，目的是通过系统严谨的训练使学生掌握环境场地空间的观察、分析与设计，并将人体工程学应用于环境空间设计和雕塑设计，使学生具备独立完成与环境协调、带有某中国设计理念的外部空间设计作品。

“空间是什么？”这个看似简单的问题开启了外部空间设计课程的大门，也是该课程的核心问题之一。首先，我们可以从形而上的角度去认识：亚里士多德（公元前 384—公元前 322）说：“空间是蕴藏事物的容器。”老子（约公元前 571 年—公元前 471 年）在《道德经》第十一章里说道：“三十辐共一毂，当其无，有车之用。埏埴以为器，当其无，有器之用。凿户牖以为室，当其无，有室之用。故有之以为利，无之以为用。”古希腊哲学家亚里士多德关注的是客观事物的存在，而东方的道家先贤老子关注的是“有”和“无”的辩证关系。可见，空间的问题是关于方法论和世界观的问题（图 4-2）。

其次，从形而下的角度来看：空间和人的感觉系统紧密相关。视觉、触觉、听觉等都是人感受空间的基本途径。日本建筑理论家芦原义信说道：“空间基本上是由一个物体同感觉它的人之间产生的相互关系所形成的。”（图 4-3）

就外部空间来说，其含义又是什么呢？其实在现实的世界里，我们被各种物体构建和分割。比如建筑物（构筑物），外的空间和建筑物（构筑物）内的空间就是两种不同意义的空间，其带来的感觉也是不相同的。首先从建筑物（构筑物）以外的空间来看其空间性质是：尺度大，其构成的元素也是大型的植物、以自然光线和大型水景为主；多视点或是散视点；受自然环境的影响较大。而建筑物（构筑物）内的空间则反之。通过这一比较发现，建筑物或是构筑物是区别外部空间和内部空间的界线。而我们研究的场地或是地块多是有建筑物和构筑物参与的。所以，基本上可以说，我们所指的外部空间即是建筑或是构筑的外部空间，其特征也是带有建筑方法的逻辑。

建筑空间是地板、墙面、天花板有目的地捕捉、围合、创造出来的空间。外部空间的要素即是没有天花板的建筑。

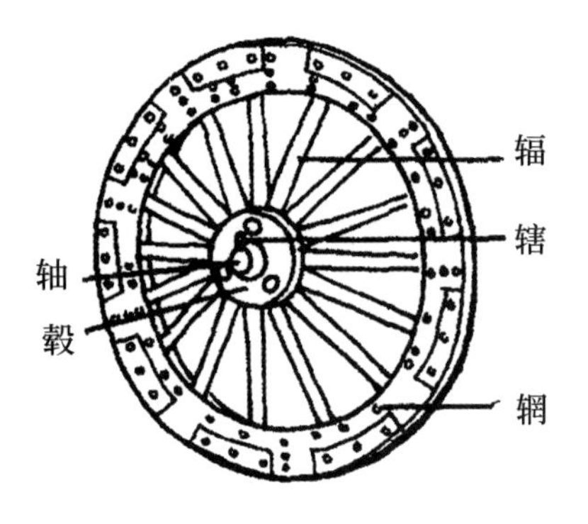

图 4-2 空间示意

图 4-3 外部空间示意

（一）积极空间和消极空间

外部空间除了体量的要素外，从认识空间的角度来说，有积极空间、消极空间的划分方法。这既是在空间划分通常使用的设计理念，也是一种认识的元理论。

首先，从图像的角度去认识两种空间的含义，积极空间具有内敛的空间性质，是一种从周围边框向内收敛的空间。或者说是一种以中央为核心向内旋转的空间结构，例如福建的土楼。而消极空间则刚好相反，是一种以中心为核心向外扩散的空间，例如荒漠里的孤舟。

其次，空间里的积极性和消极性。如果说积极和消极是把空间做二元的区分，那么积极性和消极性则是具体空间里的两种属性，就像道家说的“反者道之动”，黑格尔说的“任何事物都蕴含着它的反面”。任何空间里不会只有积极性或是只有消极性，这两种性质是空间事物的两个方面，而且在某种情况下是可以相互转换的。积极性是满足人的意图，有计划性的，是确定外围边框并向内侧去整顿秩序，即具有收敛性。消极性是自然发生的，无计划的，从内侧向外增加的扩散性，即具有扩散性。（图 4–4 ）

空间里的积极性和消极性在中国画里有充分的体现，其从构图上讲究的构图、写意都充分地利用了空间里的消极性。从西方油画构图里视觉中心方法来看，可以从空间的角度上说，是充分地利用空间的积极性。

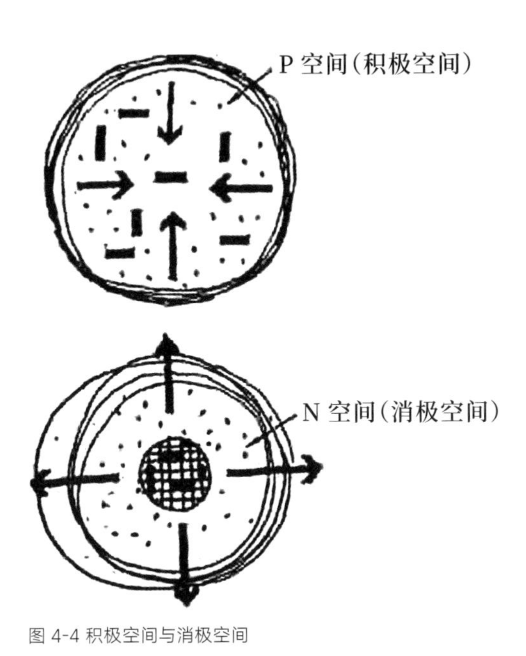

图 4-4 积极空间与消极空间

（二）外部空间设计要素

1. 尺度

城市道路要多宽、广场要多大才合适，这是一个复杂的问题，因为场地的大小不仅仅是单纯的、客观的长宽尺寸，它与人的主观感受密切相关。空间的积极和消极是概念、是方法论，在具体的运用和设计过程中，有具体的要求和规范。

D/H 关系：

D 是间距（建筑物或是构筑物），H 是高度（建筑物或是构筑物）。

D/H 关系可以分为三个基本区域：D/H < 1，D/H=1，D/H > 1。当 D/H < 1 时，给人以局促和紧迫感。当 D/H > 1 时，则逐渐产生远离之感。在雕塑领域，D/H=2 时，需要特别注意。一般认为，人的视觉基本以顶角为 60° 的圆锥为视野范围。人在看前方雕塑时，如果按照 2 ：1 的比例看上部，要能看到天空，那么视点到雕塑的距离 D 与雕塑高度 H 之比为 2 即 D/H=2 时，仰角约为 27°，雕塑（建筑）才能被看完整。（图 4-5、图 4-6）

把 D/H 关系应用到人和人之间也是适用的。如果以 D/H=1 为界线，在 D/H<1 的空间和 D/H>1 的空间中，该值是空间质的转折点，换句话说，随着 D/H 比值增大，即呈远离之感，随着 D/H 比值减小，则呈紧迫之感，比值等于 1 时则呈均匀之感。当 D/H>4 时，两人距离就过远了，就几乎没有关系了。

D/H 关系虽然变化多，但在外部空间设计里基本运用的数值的区域主要还是集中在 1 ≤ D/H ≤ 2。

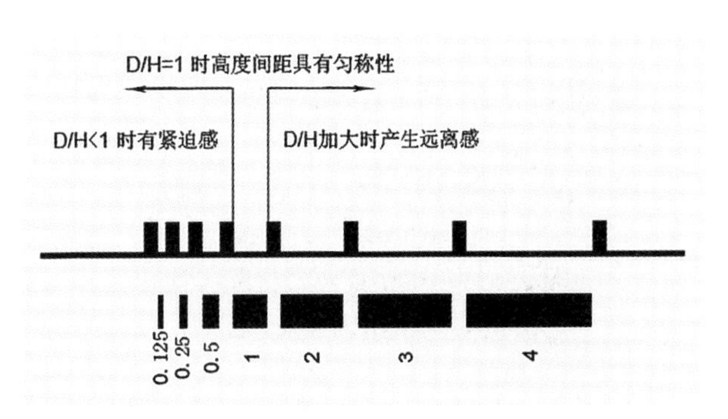

图 4-5 D/H 关系

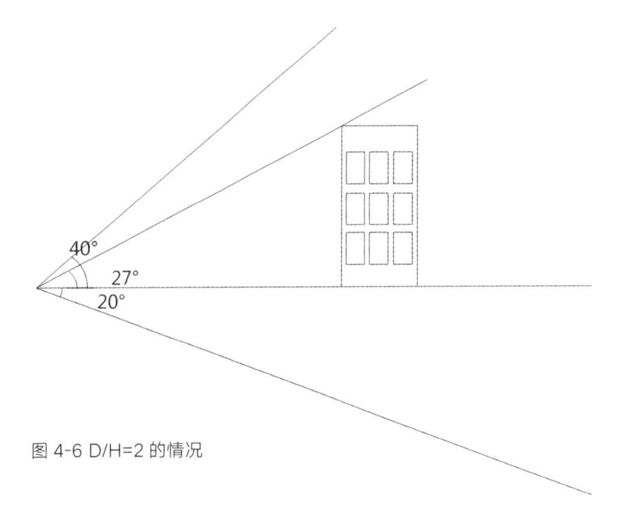

图 4-6 D/H=2 的情况

综上所述，从外部空间和建筑关系出发利用 D/H（D 为建筑邻幢间距，H 为建筑高度）的关系来确定城市空间——街道的宽度和广场的大小。这个关系是从人眼视觉范围特性出发，强调的是空间的围合，以 D/H=1 为界线。当 D/H>1，有远离感，D/H>2 时则使人产生宽阔之感；D/H<1，有紧迫感；D/H=1 时，建筑高度与间距之间有某种匀称存在，是空间性质的一个转折点，并可将这个关系类推到与人的间距上。然而，我们要认识到芦原义信对 D/H 的研究是基于对意大利中世纪城市的街道和广场形态的，这种街道和广场是基本没有行道树和汽车的，是一种本身就是行人尺度的城市空间。

交通工具的发展，使人的运动速度成倍的加快，城市也向巨型化发展，建筑的尺度在加大，以汽车为尺度的基准也使城市空间偏大。因此，现代城市空间破坏的一个重要表现就是尺度的失调。一方面，尽管街道与建筑物高度之比很恰当，如果和处于那里的其他物体的大小不均衡，就会产生不相称的感觉，而成行列栽植的行道树、花坛、广告牌等对空间的划分，有时也可使人忽略建筑物高度和街道宽度的关系。另一方面，现代城市高层建筑的增多，相应的 H 值也在不断增大，如果要保持与之相称的不断增大的 D 值，就会超出行人的感知限度，使城市空间与人体脱节。虽然，有时 D/H ＝ 1，但同样会令人产生宽阔的感觉；而有时在 D/H<1 时，也可通过空间的划分处理，将 H 改变为作为前景的城市细部的围合高度而非建筑围合高度，进而重新塑造出适合于人体尺度的 D/H 值。

普罗塔哥拉说：“人是万物的尺度。”空间的尺度必须以人为参照，使人和环境之间相互协调。丹下健三根据人体工程学的原理发展了“人的尺度”的概念，他认为在现代社会中对应于群集的尺度、高速交通的尺度必须建立社会尺度的概念，这是由人的尺度、众人尺度和超人尺度所组成的尺度序列，使尺度概念序列化，从而形成设计的新手法。

2. 质感

在外部空间，物体最终仍是以材料的方式呈现。在对材料质感进行应用时，应该着重注意材料在各种不同形态、组合的方法下与设计意图是否吻合。

地面质感多是以交通流线为主要依据，围绕景观节点、雕塑或建筑物进行布局。立面质感则以表现核心设计节点为主。所以地面质感是带状的、较为整体的（图 4-7）。而立面质感是点状的、较为零散的。自然材料质感主要是指植物，以植物高度来分可以分为乔木、灌木等，人工材料主要是指硬质材料，如金属、石材、树脂等。

质感空间的划分。人对空间感觉的“此”和“彼”的差别，利用环境对人的行为及感知的控制，建立起“此”和“彼”的联系，就是空间层次的组织。不论空间在位置上是并列、序列、主从还是叠合关系，对于活动于其中的人来说，空间的关系就是在“此”和“彼”之间变化，“此”和“彼”的增加和转化就意味着空间层次的丰富。质感就是转化的方法。（图 4-8）

因此，在进行环境设计时，常采用对人视线的控制以及在空间联系的重点部位进行处理，强调出各单元空间的视线联系或各自不同的功能性质以及其发生的先后次序和主从关系，从而达到空间单元间的组织编排，建构空间层次。

图 4-7 地面质感

图 4-8 斯豪堡广场

对于叠合关系的城市空间，利用高差变化、树木种植等形成的竖直面对视线的控制创造城市空间的视觉层次是空间层次组织的常用方法。如果竖直面比视线高，空间就被分隔，竖直面成为视野中的主要因素，起到遮挡的作用，空间的感觉主要是“此”。但如果视线比竖直面低或者竖直面虽高于视线却是通透的，空间感觉就既有“此”又有“彼”， 视野中因为“彼”处的建筑等物体成为远景，以轮廓的形象出现，所以竖直面在近距离内仍形象清晰，同样成为视野中的主要因素。这样的空间组织手法时常用来统一由杂乱的不同建筑形态构成的城市空间，或者是围合度不够的城市空间。如北京西单文化广场中的雕塑、踏步、看台等组成第一层次和远处的建筑立面相得益彰，一起构成了广场有层次的界面，使行人获得良好的空间感和欣赏周围建筑轮廓线的视距。对于并列、序列关系的城市空间，其层次的组织主要是在它们之间的联系上。因此，空间层次组织的重点就在于入口处、联结处等重点部位的细部处理。利用灯柱、护柱以及花坛等部位有规律的排布，对行人行进方向形成有力的引导和下一个空间的提示。上海新天地的一个入口处就以灯柱、水池和竹子来进行空间入口的引导，人工的现代材料的瀑布形态和自然的种植、潺潺的水声相结合，强化了入口空间特征，将人引入安静优雅的步行空间当中。（图 4-9）

利用细部来强化空间之间的联结关系也是空间层次组织的有效手段。以最常用的轴线组织方法为例，依据轴线的组织能带来有序的整体感觉，利用细部与轴线的关系，轴线可以转折，产生次要轴线，也可以迂回、循环式地展开。城市细部的设置可与轴线方向保持一致，在体现空间秩序感、庄严感的同时，能够达到有效地增强环境的效果。南京雨花台的轴线序列就是这样的例子，水池、花坛、种植、雕塑、拱门的设置，加强了轴线序列效果，丰富了纪念性的空间层次。

（三）外部空间设计手法

1. 测绘

这一部分的教学内容主要包括以下四点：

①实地测绘；

②绘制测绘图纸；

图 4-9 上海新天地

③课堂交流与分析；

④对测绘空间进行改进设计。

测绘对于外部空间设计课程的学习非常重要，通过亲身感受外部空间的构成关系、各种流线的组织以及人体工程学的应用，加深学生对知识的理解，并培养学生独立分析、思考、构思的能力。以实地参观、感受为基础，对某一具体环境设计进行测绘，包括平面布局以及一些具体设施（如座凳、步道、灯柱、廊架、铺地等）尺度的测量，并绘制相关的分析图，以分析空间组织、景观设计、视线设计、交通流线组织、竖向设计等与环境空间景观密切关联的内容。通过具体环境的测绘，并对该环境的设计进行评述，分析优劣，从宏观和中观层面使学生认识到客观外部环境对微观雕塑本体创作的制约因素和有利条件，并切身体会环境规划、人体工程学、外部空间设计的要点。

2. 外部环境与空间关系的分析

在对测绘环境进行空间分析的基础上，培养学生掌握普遍意义上的空间分析方法。

首先，明确“空间”本身概念的界定。“空间”一词描述了“空”即虚空或空白；“间”即隔离或包围。空间之所以存在，与人的主观感知和社会活动分不开，对人类社会性活动的容纳是空间存在的重要因素。

其次，任何一个外部空间都必然与更广阔的空间领域相联系，同时其内部又可分为主体空间和辅助空间。因此，在对空间关系进行分析时，第一步应分析其与更广阔的空间领域的关系，更广阔的外部空间决定了空间本身的基本构成关系，反之，空间本身对更广阔的外部空间具有积极的反作用力，对更广阔的外部空间的改善有着显著的作用。（图 4-10）

最后，沿着更广阔的外部空间构成的逻辑推理，可以基本确定空间本身的构成关系。空间本身的构成一般是“开端——发展——高潮——结束”的组织关系。一般情况下，“开端”与“结束” 空间，在平面关系中以“点”状的形式存在，“发展”空间以“线”状的形式存在，“高潮”空间以“面” 状的形式存在。这是一般意义上的空间构成关系，对于特殊的场所空间，如纪念空间需要宏大的空间尺度对人构成强烈的视觉冲击，则有可能直接展示其巨大的主体空间。空间环境的构成分析必须与实际问题相结合，具体问题具体分析。（图 4-11）

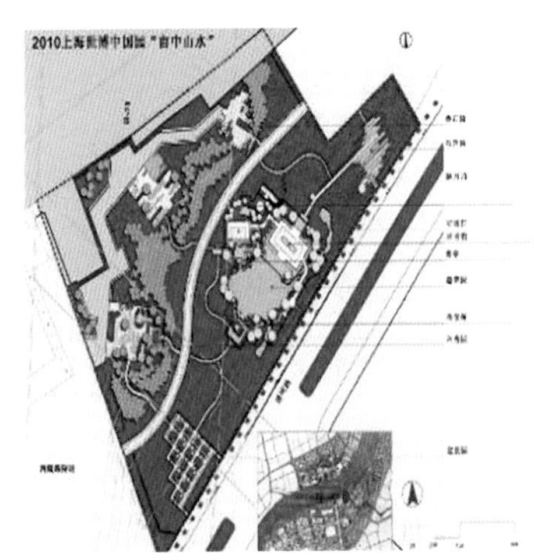

图 4-10 2010 上海世博中国园“亩中山水”、2015 第十届中国国际园林博览会乡园平面图

3. 交通流线的分析

交通空间往往是使用效率最高的公共空间，交通流线的分析必须和空间关系的分析相结合。交通流线是人们社会生活方式的反映，在一定程度上决定了空间构成关系，因为设计者是根据人的行为特征来进行空间组织的。（图 4-12）

图 4-11 2015 第十届中国国际园林博览会乡园剖面图

交通流线的分析同样分为两部分内容：

①外部城市的交通流线对用地内部交通的影响。外部城市的交通流线对用地内部的交通组织，尤其是入口选择、主要流线方向起着决定性的作用。

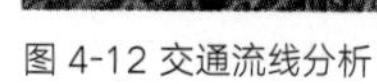

图 4-12 交通流线分析

②用地内部交通流线的组织一方面要和外部城市的交通流线保持一致，构成系统的城市交通体系；另一方面要有自身的特点，为场地本身的功能与场所精神的塑造服务。

4. 视线移动与视线焦点分析

视线分析是联系外部空间设计与雕塑设计的重要环节。视线分析的基础建立在空间分析和交通流线分析的基础上，有时三者是同时进行的。根据空间距离的不同，视线分析包括远、中、近距离三个层面的分析，同时这三个层面的分析还必须与用地外围、城市空间景观的视线关系相协调。

根据人的行为特点，观景视线可以分为连续的行进中的视线——视廊、视线转折点和视线焦点等类型。视廊一般与景观空间轴线相结合；视线转折点同交通流线的转折点重合；视线焦点往往是制高点和场地的核心空间，这里常常是设置主题雕塑和标志性构筑物的位置。

（四）外部空间设计表达

1. 人体工程学的基本概念、数据与应用

通常人们只重视在室内环境中运用人体工程学的知识指导设计。但是随着社会经济的发展，人们的生活水平逐渐提高，同时在户外活动的时间越来越长，客观上要求在户外空间及其设施的设计中通过利用人体工程学创造更加宜人的外部环境，人体工程学在外部空间设计的应用，充分体现了“以人为本”观念。

2. 人体工程学的应用

这部分课程主要包括以下内容：

①人体工程学概述

人体工程学是为解决人、机、环境系统中人的工作效能和健康等问题提供理论与方法的科学，有时也称为人体工效学。人体工程学的研究与人的环境行为有着密切关系。“人类是掌握机器的精灵”这是一句人尽皆知的俗语。我们的日常生活通常都离不开机器与各种工具，但不能说明这些机器已与人类配合得很好。在很大程度上，人们对安全和舒适的要求常常得不到满足，尽管有许多数据可以参考，但设计中的失误仍然经常出现，一些糟糕的设计甚至导致事故发生。人们会时常埋怨座椅不舒服，有时还得承受着背和腰的疼痛。

将工具制造得便于使用，这一想法自原始时代已经开始。从原始人类与野兽搏斗时使用的棍棒，到后来的斧头、火枪等，都可以证明这种看法。但这种用心不过是人类的经验果实，绝不是建立在科学基础上的。随着机器时代的到来，人们对机器力量的崇拜，也就有了“建筑是居住的机器”等这样的口号，人也就受到了机器的奴役。有时，与其说人在使用机器，不如说人在被机器所左右。这样一来，文明程度越高，机器与人类的沟壑就可能日益加深，人类一天不去设法填平这道沟壑，“人为物用”的悲剧就会继续存在。于是一些学者们提出了应类特性为基点去设计制造机器与工具的主张。首先要去研究使用机器的人类，不能再把机器与使用它的人类两者割裂开来考虑，有必要将两者联系起来，作为一个系统来考虑，否则便不能很好地发挥机械效能，也不能安全地付诸使用，这就是研究人体工程学的必要性。

1939 年，哥伦比亚大学 Frederick T. Kiesler 教授出版了一本理论著作，讲述历史上工具形态的发展过程。他领导了一小组学生研究、设计并制作家具，使之更便于人的使用。第二次世界大战期间，由于许多武器在设计中考虑不够周到，仅仅把操作武器的士兵视为武器的一部分，甚至把士兵当成武器的延伸，由此引发多起事故。为解决人在使用武器时引起的种种不适，为了使机械与人之间很好的配合，于是出现了工程心理学，“人体工程”就成为美国陆军使用的名词。1950 年“人体工程研究协会”在英国成立，1956 年“人

体因素协会”在美国成立。“人体工程”这个所有人体因素应用总和的词，被使用得越来越广泛。随着工业化的进步，人体工程学越来越广泛地应用到航天、机械、服装、建筑等各个设计领域。可以断定，只要有人类生存的地方，都相应存在人体工程学研究的课题。人体工程学研究的范围有：人体尺寸、运动能力、生理及心理的需求、人体能力的调整、人体能力的感受、学习的能力、对物理环境的感受、对社会环境的感受、互助行动的能力、个人间的差距。其中前六项是狭义的人体工程学，但在现代的建筑设计和城市规划中，其他各项也日益显示出重要性。

当前，城市设计和建筑设计都在提倡“以人为本”，而最为基本的就是从人体工程学的角度考虑，对人体因素的研究。从生理和心理两个方面进行研究，并且包含了许多影响人们使用工具和创造人工环境等方面的因素。人、机、环境三者关系中，“人”是最主要的。现在，设计需要考虑人、产品和环境等多种因素，这已经成为全球性的问题，今天的设计人员必须考虑人体间的差异，而不能采取“平均”的人，在不同的环境条件下，应该考虑婴幼儿、少年、青年、老年人以及残疾人的不同人体工程学要求。在设计当中同样应当从人体工程学的角度出发，以创造有效、健康和安全的环境。

②人体测量与细部尺寸

人们在日常生活中使用的用具和设施，有的是为生活服务的，有的是为个人所从事的工作服务的。它们有的是属于生活或工作中使用的用具，有的则是生活和工作环境的一个组成部分，例如椅子、桌子等。从一般的经验出发，人们的舒适、健康和工作效能，均与这些用具或设备适合人体的好坏程度有关。人体测量和与它密切相关的生物力学，研究人体的特征和功能的测量，包括人体尺寸、重量、体积、动作的幅度及其他有关问题。

设计师最关心尺寸，通常假定标准人体身高为1.8米，并且在决定任何尺寸时，首先就是与人体尺寸做比较，因此历来认为是最重视人体尺寸的。但是人不但有性别、年龄、民族、地区的差异，还有高矮、胖瘦的区别，这种假设人体身高一律为1.8米是不能解决设计中的全部问题的。尤其在细部设计时，更应从实际的人体尺寸出发。

人体尺寸可以分为两类，即静态的人体尺寸和动态的人体尺寸。前者是取自被试者在固定的标准姿势时的躯体尺寸，可以有许多不同的人体姿势。后者是在人体动的情况下测得的。虽然静态的人体尺寸对某些设计目的来说是很有用处的，但对于大多数设计问题来说，动态尺寸可能更有用处。因为不论是在工作还是在休息，人总是在活动的。在使用动态的人体尺寸时强调的主要条件是人体在完成活动时，各部分并不是孤立的，而是协调工作的。例如，手臂实际上所能达到的限度，并不是指手臂的长度，它也受到肩的活动和躯体的旋转及弯背等因素的影响。

人体测量的项目很多，GB10000-88《中国成年人人体尺寸》这个标准根据人体工程学要求提供了我国成年人人体尺寸的基础数据。该标准中共列出了47项人体尺寸基本数据：

a.人体主要尺寸：身高、体重、臂长、前臂长、大腿长、小腿长。

b.立姿人体尺寸：眼高、肩高、肘高、手功能高、会阴高、胫骨点高。

c.坐姿人体尺寸：坐高、坐姿颈椎点高、坐姿眼高、坐姿肩高、坐姿大腿厚、坐姿膝高、小腿加足高、坐深、臀膝距、坐姿下肢长。

d.人体水平尺寸：胸宽、胸厚、肩宽、最大肩宽、臀宽、坐姿臀宽、坐姿两肘间宽、胸围、腰围、臀围。

e.人体头部尺寸：头全高、头矢状弧、头冠状弧、头最大弧、头最大长、头围、形态面长。

f.人体手部尺寸：手长、手宽、食指长、食指近位指关节宽、食指远位指关节宽。

g.人体足部尺寸：足长、足宽。

在设计人们使用的工具和设施方面人体测量数据有广泛的用途，然而在应用这些数据时，设计者应选择与实际使用这种设施的人相称的样本数据。城市细部的设计也是一种产品设计，城市细部实体的尺寸也要符合人体尺寸和人体行为习惯。人体测量在环境设计中最为主要的就是在于确定细部功能尺寸以及所需活动空间的尺寸。

人在城市空间中的活动动作不外乎坐、行、立、靠、卧，城市中的各类设施要为这些活动提供便利，这就要求它们根据不同的功能活动要求，提供各自在人体相应活动动作下能使人感到舒适的尺寸。如座椅坐面的高度和靠背的倾斜度、电话亭的空间尺寸、扶手高度、街灯的照度和灯杆高度、花坛的高度等都是从人体测量中选取相应的尺寸来进行设计的。但一个设计不可能完全满足不同尺寸人体的要求，一般只能按一部分人的人体尺寸来进行设计，但这部分人只占整个分布的一部分，称此为满足度，相应的有一个适应范围。在外部环境的设计上便可以在这个适应范围内根据不同情况作相应的选择，要么是大于下限值，要么是小于上限值或者是在上限值和下限值之间。如踏步宽度至少应能容纳一只脚不宜小于275毫米，高度不得超过175毫米，同时踏步宽度不能大于一步而小于两步，否则人走起来就不舒服。

3. 环境信息和标志设计

人类的知觉是一种主动探索信息的过程，它包括许多有关眼睛和神经的机能，其中有些是有意识的，有些则是无意识的。外部世界有千百万个事物呈现在我们面前，但永远不会被我们所全部接受。人们通过信息的收集，借以认知其所处的环境，并调节其行为使之适应环境的变化。如果周围信息给人感觉是不明确的，因而使人对于认知环境的重要因素的确切情况无法把握，就会变得不安宁和不舒适；如果信息是明确的，同时一切察觉的事实表明与人的预期相符合，那么就会使人感到放心和轻松。

人类对环境的认知虽然是依靠许多视觉信息中的微妙方式，但这些可能永远达不到自觉的意识水平。因此，在规划或设计时，还是应该考虑各种标志和信号，如路牌、道路方向标志、交通标志、指示牌、店招、闻讯指示等，以便于使用者的活动。标志具有传达信息、提供引导等作用，在具体的设计中，标志的传达往往是通过文字、图形、记号等形式，有时也用自发光体和照明，以及色彩组合等，关键是要提高标志的易读性。

文字标志的设计的易读性由字体的种类、繁简差异、笔画粗细以及字间间距决定。美国的Namel系统，英国的Berger&Mackworth系统和加拿大的Lansdell系统对拉丁字母和阿拉伯数字从字体的笔画宽、字形的高宽比和极性等进行了研究，考虑照明、认知条件、认知距离和准确阅读的重要性因素，并在交通、军事等领域内得到广泛应用。汉字的易读性所受的影响相对又有所不同，过于复杂的字体，如隶书、楷书等使人的认知距离降低，明显低于宋体和黑体；同一个文字在笔画数增加时，一方面会导致认知加工时间的增加，另一方面会使笔画间的空隙减小，单个字的空间拥挤，淹没了字的细节和特征，从而使人的认知距离降低，易视性也随之降低；字体笔画的粗细要适当，过粗与过细都有可能影响辨认。

图形标志使用非文字的符号图案等提供信息时，这种符号必须是易于理解，并能准确传达信息的。设计时需要遵循下列知觉原则：图形与背景的关系必须清晰和稳定；根据视觉的“完形”特性，采用闭合性的图形；图形尽可能简单明了，并与其所含的内容一致；图形中的各组成部分采用相同的大小和比例，形成一个统一图形等。

另外，可以采取利用标志的亮度对比、色彩的组合、适当的照明等手段提高标志的可见程度。标志的设置场所、排列规则也是进行设计标志时很重要的方面。其所在的场所应当具备宜人的尺度、恰当的安排方式，以便于行人驻足观看。如置于各类建筑出入口、空间转折点或道路交叉口及其他人流集中的场所时能起到很好的视觉传达效果。其位置既要明显清晰，同时也要和环境相协调，不能影响交通。

第二节

艺术学的方法

一、艺术方法概要

无论是内空间还是外空间的构成，全部都是对“气”的限定，从而创造出种种变化丰富的空间力象。它们的创造原则虽各有特点，但本质上却是相同的。

（一）整体轮廓

有人把空间构成比喻为凝固的音乐，其中不无道理。因为空间体的组合艺术，确实与音乐构成的规律有相似之处。一个乐章是由许多乐句组成，一个乐句又是由若干音符遵循一定感情和乐理（节奏、休止、延长、加强、减弱、滑音及升降半音等）创作而成的。而一条线性空间，也是由许多空间体或组团式空间体构成的。这些空间体就相当于一个个的音符，也遵照一定的感情和形式法则组成统一的轮廓。从视知觉的统一原理中我们已经知道，它们势必要连成一个有统一轮廓的剪影。既然如此，设计师为何不主动地赋予这统一的轮廓剪影以一定的艺术效果呢？这个整体轮廓的艺术效果取决于以下三个方面：

首先，在外部空间中，主体的视野开阔，虽说不像在设计图上那样能看到总体形象，所看到的也不是单一的组团或空间体，而是从一段落组团式空间体的组合中逐步地看完整体。因此，整体轮廓必须具有统一的风格，也就是在个体中要包含共性的东西。统一风格的方法有：统一顶的形式、统一围闭处理、统一色彩、统一肌理、统一尺度、统一细部处理。

其次，重视每一个空间段落的创造。通过形体的对比、协调、对称和均衡，不同或近似的尺度、体量和色彩构成形体的旋律；通过空间体的组合布置，群体与群体间留有较大的间距而形成节奏感；通过在某些空间体立面前留有适当的空地，获得层次和厚度；通过某种处理手法或形体的反复运用而成韵律，达到再现的艺术效果。

再次，一个乐章的旋律常常是有扬有抑、有顿有挫、有快有慢的。而形成空间景观的空间体，则应是有虚有实、有高有低、有疏有密、有大有小、有进有退。

（二）空间层次

两个大型空间若以简单的方法直接连通。常常会使人感到单薄或突然，并造成印象淡薄的效果。如果两个大空间是一种渐进关系，或者在中间插入一个过渡性空间，它就变得段落分明，并具有抑扬顿挫的节奏感。过渡性空间一般应小些、低些、暗些、封闭些，使人有一个心理上的起伏变化，从而留下深刻的印象。

在具体创作中，既可以增加一个过渡性空间，也可以在连接处压低、收束部分空间而构成。从外空间进入内空间或从内空间走出到外空间时，为不使人感到突然，应在空间组合中注意循序渐进的层次，以适应人们的视觉和心理的顺应性。例如，按照下列顺序确定空间领域：

外部的 ——→ 半外部的（或半内部的）——→ 内部的；

公共的 ——→ 半公共的（或半私用的）——→ 私用的；

多数集合的 ——→ 中数集合的 ——→ 少数集合的；

杂乱的 ——→ 中间性的 ——→ 艺术的；

动的 ——→ 中间性的 ——→ 静的。

这只是少数例子，实际上要考虑各种各样的组合。

（三）引导和暗示

空间组合的引导，是根据不同的空间布局来组织的。一般来讲，规整的、对称的布局常常要借助强烈的主轴动线来形成导向。主轴动线愈长，主轴动线上的主体空间愈突出。

自由组合的空间，其特点是主动线迂回曲折，空间相互环绕活泼多变，此种空间的引导不外乎有以下五种办法：

1. 以弯曲的围闭来引导，并暗示另一个空间的存在。其特点在于创造一种期待感，是下一次激动前的准备。

2. 利用垂直通道暗示上一层空间的存在。

3. 利用地载和天覆的处理暗示前进的方向。

4. 利用空间的灵活分隔，暗示另外一些空间的存在。

5. 使空间处在轴线的延长线上。

总之，从艺术学角度来看，创造有意味的空间形式是外部空间设计的首要目标。

二、艺术方法逻辑

艺术不是生理的长相，却是一个民族精神的长相。不同地域、不同民族的精神生活与精神面貌，往往通过外部空间艺术表现出来。研究外部空间设计建构机制及实施步骤，找出一些带有规律性的东西来，将使我们在创作时更多一些自觉性。

外部空间设计是科学与艺术的综合，而这种综合不仅仅局限于操作层面，还有着审美思维上的共性。科学研究的过程实际上也是一个对客体审美的过程，在审美方法上同样是意、象、形三位一体。人类文化无论是象征性符号还是抽象性符号表达，均离不开符号，离不开符号创建过程中的审美观照，区别在于符号的“形”“意”及其关系不同。科学的抽象性符号建立在符号与符号的“同质”关系上，其形式、内容不带任何情感表现；而艺术的象征性符号建立在符号与所指的“同构”关系上，其形式、内容以及“同构”关系充满了情感表现。前者与所指的关系是确定的，而后者具有一定的任意性。尽管如此，正如艺术品位的高低离不开人类理性，科学真理的范围和程度以及科学符号的结构形式同样需要艺术的审美，两者都需要人类知觉的“悟”。

为了进一步理清外部空间设计的建构思路、方法及其过程，也为了更有效地说明科学与艺术在建构方法上的相似甚至相通之处，这里循着科学巨匠和艺术大师的足迹，以相互对照的实例为据进行讨论。

外部空间设计的意、象、形三位一体决定了有如图 4-13 所示的三种类型六种组合。

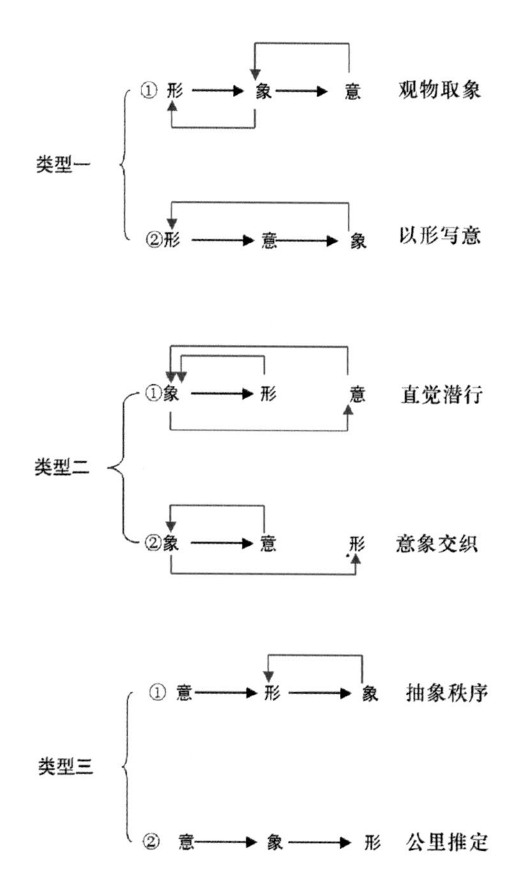

图 4-13 人居环境空间艺术建构逻辑的三种类型六种组合

（一）“观物取象”“以形写意”的建构逻辑

1.“观物取象”的建构逻辑

这是一个普遍、一般的师法自然，外来刺激经知觉的先验结构同化获取经验后，由外向内抽象概括的审美体验、发现和再创作过程。其发现体现在“观物”过程中对美的秩序、规律通过知觉思维的“悟”转化为“象”，进而上升为概念的“意”；其再创造在于将这些被认知的秩序、规律通过“象”的式——势关联融汇观者各自的情感和智能，从而建构、创造出新的空间艺术形象。

①科学方面

“观物取象，立象尽意”是一切科学研究的基本态度和基本方法，最明显莫过于天文方面。地心说最直观的观察来自太阳、月球“围绕”大地的交替出没（观物）。为了解释天体的视差现象（由于运动致距离远近不一而发生的明暗变化），托勒密假设太阳和行星各自绕着一个叫“本轮”的圆的圆心作匀速圆周运动，而“本轮”的中心又在另一个叫“均轮”的大圆上环绕地球做匀速运动（立象）。就我们这个星系而言，地心说（尽意）弘扬了人的主体精神，早在托勒密之前几百年的亚里士多德就对日心说给予过充分的肯定。然而，托勒密地心说中的本轮均轮理论存在几何学及数学演算上的烦琐，显得过于复杂。通过对地球自转的观察（再次观物）和重新认识，哥白尼所提出的日心说却有着比地心说更为简洁、和谐的数学美，也更富秩序感（再次立象），日心说把地球和其他行星统一起来，具有无与伦比的对称性和一致性（再次尽意）。哥白尼认为，一个科学理论的成立必须符合两个条件：一是这个理论必须能够比较完满地解释自然现象，即符合观测事实；二是这个理论必须符合毕达哥拉斯关于天体运动是匀速圆周运动的美学原则。其中第二个条件甚至比第一个重要，因为观测事实受测量技术或手段的影响可能不够精确或出现偏差，而第二个条件是一个不可动摇的科学美学原则。日心说可以说是时隔千年对太阳系颠覆性的再次“观物取象，立象尽意”。其实，站在更为宏观的角度，按今天霍金依据红移现象和爱因斯坦相对论所构建的大爆炸理论，宇宙中的所有星球都可以被看作是宇宙的中心，其周围的星球都在远离自己而去。

此外，应对数理的河图、洛书，应对中国天象地形的先天、后天八卦，均是古人“观物取象，立象尽意”，对天地自然审美观照的结果。今天的科学在言不尽意时，也常常借助直观的图形，通过形——象——意的过程引导人们理解其深邃的思想。如史蒂芬 · 霍金的《时间简史》（插图本）就用了大量插图来形象地描述科学概念和理论。

②艺术方面

同样，艺术欣赏、再创作也毫不例外地始于对外在的形的关照。与建筑大师贝聿铭相互欣赏、密切合作的雕塑大师亨利 · 摩尔的许多作品造型简洁流畅，极富生命的律动（图 4-14）。我们今天能够欣赏到亨利 · 摩尔的众多不同形态的作品，得益于亨利 · 摩尔的创造往往一开始就聚焦于形体，这些形体的泥塑小稿在他的手掌上被不厌其烦地反复把玩，在不断地转动、扭曲、翻滚中发生着多样的变化，形式、主题就是在这些“随机”的变化中生成的（图 4-15）。这里的关键是：把玩、改变过程中的构思、创造行为往往发生在无意识状态下，一旦形体变化中的某个瞬间触动知觉的“象”并“调谐”到所需的意象，那么这个瞬间便以成熟的小稿形式“凝固”下来。当然，以后根据相应的环境，其尺度、比例、体量、重心等还会作适当的调整。亨利 · 摩尔毫不掩饰他对贝壳、顽石、骨骼等自然形态的敏感与专注，他认为正是这些结构关系向我们展现了大自然美的和谐与秩序。在雕塑上留下孔洞虽然并非亨利 · 摩尔首创，但他无疑是把这项带有超现实主义意味的技术运用得最为成功的雕塑家。孔洞的运用打破了“雕塑是被空间所包围着的实体”这样一个西方传统雕塑的固有概念，

图 4-15 亨利 · 摩尔

图 4-14 亨利 · 摩尔作品

让雕塑与空间融为一体，使空间成为实体的一部分，并在实与虚的并置、交错、转换中向我们证明雕塑不仅以实体表现空间，它本身就是空间。亨利 · 摩尔有意识地将自然风景与雕塑作为一个整体来构思，致力于环境雕塑的探索，正是由于对环境雕塑的成功实践才确立了他在现代雕塑史上的独特地位。此外，他还将色彩引入雕塑创作中，他考虑了阳光及其方向因素。那些打磨得光滑圆润的青铜雕塑在阳光的照耀下熠熠闪光，尤其是在秋天的森林和原野上，迸发出强烈的动人心魂的美。他的那些白色、红色和绿色大理石雕像，其材料的质地和色彩也都是因地制宜、与周围环境和谐呼应的。

严格地说，形态不仅仅只是观察、思考的结果，它还是思考的工具。观察事物的形态这个行为的本身，不仅仅是单纯的被动接受，也是去选择并进行组合的主动行为。

2.“以形写意”的建构逻辑

这里又分两种情况：一种是自外向内的行为观察必须经由知觉的“象”的解析方能生“意”，无知觉介入则无所谓外在的形，更谈不上“立象尽意”，故此时的认知、建构逻辑不成立。另一种情况是，建构过程中知觉以直觉的形式超越已有的“象”， 在表达意景、意境的同时不断完善并最终完成对已有的“象”的解构和对新的“象”的重构，进而构筑新的“形”。

①科学方面

很明显，德国化学家凯库勒发现苯分子结构的过程是一个典型的潜意识梦境下以形写意，最后再对知觉的“象”进行解构、重构的过程。凯库勒在学生时代从建筑系转到化学系，建筑学基础决定了他对建筑美的敏感以及对于建筑物的结构形式的熟悉。凯库勒 28 岁时便提出了具有对称美形式的碳氢化合物酒精的分子结构式（C_2H_6O），为有机化学结构理论的建立奠定了基础。可是碳氢结构模型对于芳香类化合物却不适用，因为 6 个碳原子和 6 个氢原子不可能以任何一种合理的对称方式排列在一条直线上。1865 年的一个晚上，面对这个久久未能攻克的难题，凯库勒思绪万千，在睡意蒙胧中，他觉得苯的原子排着队在他的眼前跳起舞来，在火焰里来回穿梭跳跃，一会儿弯曲，一会儿翻卷，突然，排头的原子一下子咬住了排尾的原子的尾巴，形成了一个圆圈，并且不停地旋转起来，凯库勒受梦启发，创造出了苯分子的六角环状结构表示形式（图 4-16）。这里的“环状”是“形”，而“六角环状”则是“意”介入下的“象”的重构。凯库勒在有机化学结构理论研究中所取得的成就，与其具有建筑的形式美、结构美的审美知觉和意识分不开。由此可见，自然科学家具备一定的形象思维和美学修养，对于其科学研究是很有帮助的。

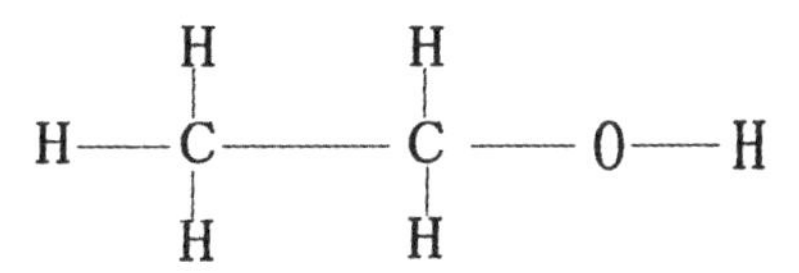

酒精的分子结构式

苯的分子结构式

图 4-16

②艺术方面

行动绘画创始人、抽象表现主义画家波洛克在作画过程不受任何意识逻辑和已知事实的约束，而是脱离理智使自己处于一种潜意识状态之中，让思绪和联想在笔和纸之间毫无阻碍地任意流淌，类似于超现实主义的“下意识书写”。作品一旦完成，那些密布画面、纵横扭曲的线条网络便传达出一种不受拘束的活力，那随心所欲的运动感，无限的时空波动，加之其巨大的画幅及混合颜料的物理特性，给人以强烈的视觉冲击（图 4-17）。波洛克的绘画过程成为其作品的重要组成部分，是对某种无意识、非理性的形象的刻意把握。抽象表现主义的下意识书写和行动绘画直接影响了美国当代著名的建筑师弗兰克 · 盖里，盖里善于用艺术家的眼光从事建筑设计，并且还发展出一种不仅具有典型的现代特征，而且可以表现自己独特风格的建筑设计。对盖里来说，形式是最重要的，他把草图的构思阶段看成是一个寻找形式的过程，他不断尝试将艺术中的某些理念和手法运用于自己的建筑设计之中，为人们创造一个梦幻般的、极端自信的甚至带有扩张性的奇异形态。为此，盖里将行动绘画中的潜意识过程自觉地融入他的草图设计阶段，他的草图往往由一些连贯的不间断的光滑曲线构成，常给人以杂乱无章的感觉，似乎只是一些任意的乱画而已，但这却是他特有的一种绘图方式（图 4-18）。凭借直觉，他成功地将意识和无意识结合起来，将基于初步方案及当地环境的概略规划和自动构思指引下的半自动的涂抹、书写结合起来。毕尔巴鄂古根海姆博物馆被誉为 20 世纪最伟大的建筑成就之一，从其建筑外观的形态特征就可以看出一种下意识的直觉在设计中的运用，这是一个充满戏剧性冲突的、无法言说的、任意的、具有绘画性和雕塑性的作品，虽然受功能、结构、经济等属性的限制，建筑不能像绘画那样可以"为所欲为"，但这并不影响艺术行为对其构思理念的启发性作用。

（二）"直觉潜行""意象交织"的建构逻辑

1."直觉潜行"的建构逻辑

这是依据先验的结构图式，结合已有经验，先外化出符合形式法则的形象，在形象的生成过程中逐渐灌注作者情感价值的过程，是一个没有先决条件和外推力的、伴随审美直觉的自发的过程。由于我们自身也是一种客观存在，宇宙法则内置于我们，无论我们知觉与否，它同样以潜意识的方式作用于我们的思想和行为。由于强力意识的"遮蔽"，直觉的出现往往是瞬时和偶然的，需要敏感能力的激发。

①科学方面

类似于德国化学家凯库勒发现苯分子结构的过程，难点在于潜意识梦境中的"圆环"究竟是"形"还是"象"。无论东西方，都把"形"看作一种客观实在，而"象"则带有主观过滤、筛选的意味。但不管怎么说，这个客观实在的"形"必须是人们可认知的，从这个角度看，"圆环"似乎明显地与经验的"形"相关联。但另一方面，由于"观物取象"的缘故，它又与潜意识梦境中的"象"发生关系，"圆"本身具有"象"的"完形"。按照"先验即经验，是经验的内化与物化"的逻辑结论，这里不妨将潜意识梦境中的"圆环"既看作经验的"形"又看作经验的"象"，它们都是行为观察由已有先验结构"同化"后的外化和内化。由此也可见空间艺术的意——象——形浑然一体、不可分割的建构内涵。

②艺术方面

"直觉潜行"建构逻辑在空间艺术上的表现除了前面的"下意识书写"，还更多地表现在我国传统国画的水墨山水、泼

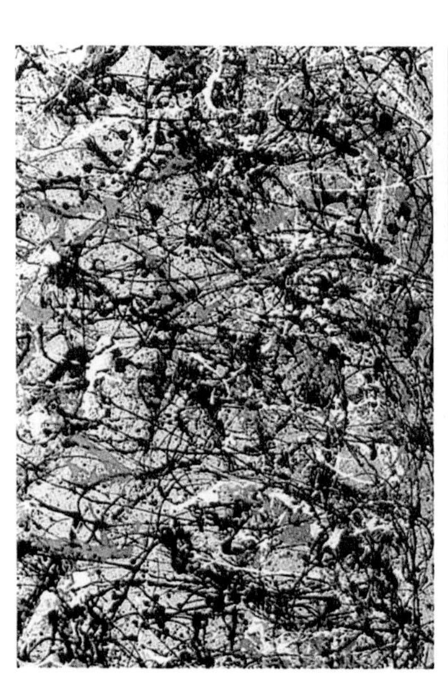

图 4-17 波洛克作画情景及其作品《春天的节奏：第 30 号》

墨写意以及空间艺术的创意、构思草图上，这里不再一一叙述。

2.“意象交织”的建构逻辑

这是一个依据已有先验结构图式，经过想象构思，最终在意象主导下回归形的过程。由于“意”与“象”的胶着，“意”的主观能动完全有可能以逻辑推理的方式促进新的“象”的形成，进而构筑具有独创性的空间艺术形象。其基本原理同上，都是由“象”出发思考“形”，区别在于前者通过直觉直接付诸客观的“形”，“意”在建构过程中只是起着次要的、间接的作用；而后者则更多是“象”和“意”的交织，“意”起着更为直接的作用。

①科学方面

在科学史上，许多科学家十分注重理性认识与美感直觉的统一。正是凭着对宇宙的美感直觉和科学探索，奥地利杰出的理论物理学家薛定谔通过与经典力学的类比，求得了电子波动方程：

$$\frac{\partial^2\psi}{\partial x^2}+\frac{\partial^2\psi}{\partial y^2}+\frac{\partial^2\psi}{\partial z^2}+\frac{8\pi^2 m}{h^2}(E-V)\psi=0$$

在这个方程中，m（电子质量）、E（总能量）、V（势能）体现了电子的微粒性，而函数 ψ 则体现了电子的波动性，方程把电子的波粒二象性奇妙、完美地统一起来。用这个方程可以完美地解释微观粒子的运动，就像用牛顿方程解释宏观物体的运动一样。这里的关键是：在薛定谔方程的建立过程中，数学美的作用亦显而易见。算符在数学中本来并不代表数值，而只是某种运算符号（象）。但薛定谔却首先提出力学量算符化问题。也即是用算符来表示不同集合的量之间的某种对应关系（意）。这样，物理学中的量子化问题就转变为数学中的求解本征值问题。量子力学的成果，充分体现了数学美巨大的能动作用。作为人的思维创造物的数学形式（象），竟然可以先于经验事实（形）存在。波尔对数学美有过这样的描述：“数学符号与数学运算定义，是以普通语言的简单逻辑应用为基础的。因此，数学不应被看成以经验的积累为基础的一个特殊的知识分支，而应被看

图 4-18 毕尔巴鄂古根海姆博物馆及其设计草图　弗兰克·盖里

成普通语言的一种精确化，它用表示关系的适当工具补充了普通语言，对于这些关系来说，通常的字句表达是不准确的或太纠缠的。”[2]

随着科学的进步，人们发现本来是毫无关联的数学世界与物理世界竟是如此的吻合，物理学中的每一项重大发现几乎都与数学有关，这或许就是数学美的魅力所在。

②艺术方面

意象是人的一种“主观体验”，这种体验主要是以视觉的形式来表现。阿瑞提把意象定位于“人的自发性和独创性的流露”[3]。

中国艺术向来以意象表现见长，情景交融、方圆相济、柔中含刚、拙中藏巧，追求万物内在精神之美。在以形写神、神形兼备的艺术构思、创作过程中，神思、神情往往是表现的重点。中国传统的城市建筑、雕塑大都力求突出空间的秩序和形体的完整，并隐含多重象征意义。齐康先生说过：“建筑具有艺术的表现，在社会里，在历史中，在文化上，大都以艺术的表现和再现来达到作者情感上的表达。”[4]并认为建筑的艺术表现性就是一个创作主体情感的外化过程，是一种精神表现的升华，这些都同表现主义建筑的艺术主张不谋而合。齐康先生注重建筑与环境空间的相互关系以及建筑自身的形体表现，其作品明显带有灵动性和强烈的意象性。“海螺塔”通过艺术塑形，将自然环境、人造建筑以及建筑师强烈的内心感受有效地连接在一起，升华出顶天立地、自强不息的生命大写意（图 4-19）。

意象生成，是“人们心灵的一种普遍的功能”，但在现实中，每个人的“神思”或灵感的活跃程度、意象生成的质量都是极不相同的。阿瑞提在经过实验和研究后指出，“意象与过去的知觉相关，是对记忆痕迹的加工润饰，它来自这个人的内在品质以及过去与当前的经验”[5]。这说明，丰富的意象既来自我们对古今中外空间艺术的认识，又来自我们对哲学和美学的思考，以及对一切大自然的和非自然物体的观察和感悟……。一个设计师的素质、修养以及对一切外来刺激的敏感性，将对其创造能力起到决定性的作用。并且，对于同一个主题，每一位设计师的空间概念、个人空间体验和感悟、运用的具体题材及其编排手法上均不尽相同。罗丹的《巴尔扎克》整整塑造了七年，他一直在寻找、等待他心目中虽其貌不扬但充满气场的巴尔扎克意象。雕像完工时的巴尔扎克身披宽袖长袍，双手叠合在胸前，昂着硕大的脑袋，额纹紧皱，两眼注视着前方，目光中带着深深的思考……可是，罗丹的学生们无不惊叹于那双生动、完美的双手，之后，罗丹毫不犹豫地抹掉太过生动以至于十分抢眼的手部，将其隐于长袍中，他要的是雕像浑厚简洁、超凡脱俗的整体意象、硕大且充满智能的头部以及富含寓意的面部，而不是喧宾夺主的双手（图 4-20）。可惜，罗丹的想法和行为在当时并没有得到人们的理解，作为委托方的法国作家协会也因此拒不接受这座塑像。然而，罗丹坚信，人们终有一天会认识到这座塑像的价值。巴尔扎克雕像“完美的双手”在一般的雕塑师手中可能不仅不会被砍掉，甚至还会为造成这样美妙绝伦的双手而自我陶醉，然而在罗丹看来，这双手尽管很美，但这种局部的美使整体显得黯然失色，夺取了整个作品的生命力。今天，每当人们站立在这座雕像前，无不为罗丹的独具匠心感到由衷的敬佩。

2」[丹麦]N. 波尔 . 原子物理学和人类知识论文续编 [M]. 郁涛，译 . 北京：商务印书馆，1978：12.

3」[美]S. 阿瑞提 . 创造的秘密 [M]. 钱岗南，译 . 沈阳：辽宁人民出版社，1987.

4」齐康 . 意义・感觉・表现 [M]. 天津：天津科学技术出版社，1998.

5」同脚注 3.

图 4-19 海螺塔　齐康

图 4-20《巴尔扎克》　罗丹

（三）“抽象秩序”“公里推定”的建构逻辑

1.“抽象秩序”的建构逻辑

这是一个潜意识起主导作用先挣脱知觉的“象”，再由概念的“意”直接进入经验的“形”的艺术直觉过程，是极其主观，能动地发挥巨大反作用的过程。“意”通常必须在知觉的前提下方能回归“形”，但由于“过去经验”、潜在的意象的缘故，“意”以直觉、灵感的方式越过一般的成像过程，领悟、创造出新的“形”。在空间艺术体验与创造过程中，直觉具有跨越先验结构锁定之“象”，重构或创建生成新的“象”的原创能力。所以，我们不妨认为直觉是无意识的主客合一，尽管其运行机制中含有不被我们所知觉的宇宙法则，但直觉的最终结果却是能够被我们知觉的新的“象”。

①科学方面

牛顿曾经坦言，绝对时空不同于实际时空，它是对实际时空的概括与抽象。事实证明，牛顿力学在有限的现实时空范围内依然是有效的、理想的和美的模型。其有限性犹如感官具有归纳、完形功能，人们全仗着这种有限，才得以直接体验到宇宙的和谐与秩序。牛顿、爱因斯坦都相信上帝——宇宙法则的存在（意），并相继通过形而上的数理逻辑（象）演化出各自不同参照系下的物理学方程（形）。爱因斯坦坚信："我们能够用纯粹数学的构造（象）来发现概念（意）以及把这些概念联系起来的定律（形），这些概念和定律是理解自然现象的钥匙。经验可以提示合适的数学概念，但是数学概念无论如何都不能从经验中推导出来。当然，经验始终是数学构造的物理效用的唯一判据。但是这种创造的原理却存在于数学之中。因此，在某种意义上，我认为，像古代人所梦想的，纯粹思维能够把握实在，这种看法是正确的。"[6] 他还认为物理世界的结构反映在人们的思维中，人们据此创造出一些思维构造物——物理学定律。而这些定律都能由寻求数学上最简单的概念和它们之间的关系这一原则来得到。爱因斯坦本人的科学研究，就是从优美的数学形式中得到启发的："理论科学家在探索理论时，就不得不愈来愈听从纯粹数学的、形式的考虑，因为实验家的物理经验不能把他提高到最抽象的领域去。"[7] 因此，数学的形式美——简单、统一、唯一成为衡量物理理论价值大小以及反映客观世界真实程度的一个重要标志。

实际上，宇宙法则的简单性也是一种客观事实。正确的概念体系必须使这种简单性的主观方面和客观方面保持一致。思维经济原则之所以成为科学研究的一条重要美学原则就是因为自然界本身的结构遵循着最优化原则。爱因斯坦相对论的研究起点，恰恰是从他发现牛顿力学和麦克斯韦方程组的不尽完美开始的，牛顿力学和麦克斯韦方程组都是特定情况下具有最简单形式的特殊解。"特定""特殊"注定其具有某种不对称因素。那么，特定的"绝对空间"和"绝对时间"的假设是否"绝对"必要？逻辑上能不能从更为原始的假设前提演绎得出呢？这就是爱因斯坦狭义相对论所思考的问题。爱因斯坦的相对论始于大胆的怀疑和想象，他认为想象比知识更重要。相对论在协变（物理定律从一个惯性系转移到另一个惯性系的洛伦兹变换下保持不变）基础上不仅将引力和电磁力联系起来，揭示了质量与能量的统一，而且从尽可能少的公理出发，通过逻辑演绎，概括了更多的物理学定律（牛顿力学只是其中的一个特解）。虽然相对论的假说十分抽象，离现实经验也很远，而且存在着与微观量子力学的统一问题，但是相对于牛顿力学来说却更加接近科学美学的审美理想。

杰出科学家的美感直觉，往往使他们可以超越感觉经验，直接把握自然界的内在和谐与秩序，尽管由于其天才的思维、想象因"突兀"和超出当时自然科学发展水平而不被一般人所理解。

②艺术方面

抽象艺术是指不造成具体物像联想的艺术。其含义被确定在两个明确的层面上："一是指从自然现象出发加以简约或抽取富有表现特征的因素，形成简单的、极其概括的形象，以致使人们无从辨认具体的物像；二是指一种几何的构成，这种构成并不以自然物像为基础。"[8] 抽象艺术是西方现代艺术的核心形态，着重研究的是艺术的自律性问题。在抽象艺术中，色彩和线条被激活成为一种自由的元素，不再现物体的形，而是创造自己的形，纯形式本身成为艺

6」[德]爱因斯坦.爱因斯坦文集(第一卷)[M].许良英，范岱年，编译.北京：商务印书馆，1976：316.

7」同上。

8」邵大箴.西方现代美术思潮[M].成都：四川美术出版社，1990：232.

术的意义之所在。康定斯基认为，美术的作用在于唤起宇宙的“基本韵律”以及这些韵律对内心状态的虽模糊但可以想象的关系。康定斯基最早奠定了抽象艺术的理论基础，他十分强调艺术家的“主体精神”，认为艺术家应该表现深邃和微妙的心灵世界。在具体实践中，他极其重视形式的重要性，并试图用音乐的意向来建构抽象的形式表达。蒙德里安认为，艺术中存在着固定的法则，即事物内在的秩序，“这些法则控制并指出结构因素的运用，构图的运用，以及它们之间继承性相互关系的运用”[9]。他在绘画中努力寻求一种元素之间相互平衡的法则，他用直角相交的水平线和垂直线建构起基本的骨架，摒弃一切对称，用正方形和矩形以及三原色（红、黄、蓝）和无彩色系（黑、白、

图 4-21
a：蒙德里安的构成
b：里特维尔德的施罗德住宅
c：R. 迈耶的史密斯住宅

灰）构筑起一种具有清晰性和规则性的纯粹的造型艺术，以反映宇宙存在的客观法则。这一艺术思想对现代建筑形成之初的设计观念起到了很重要的作用，它使得空间成为可以进行几何化演变的立体构成。换句话说，艺术形式直接转化成为建筑结构。荷兰建筑师里特维尔德的施罗德住宅、R. 迈耶的史密斯住宅是蒙德里安抽象绘画的一种直接的建筑解读，其意义在于打破了方盒子型的静止空间。建筑的界面已不再是简单的墙体围合，通过几何化的逻辑处理，界面成了一个与功能既相互协调又保持一定自由度的建筑语素。（图 4–21）

9]［美］罗伯特·L. 赫伯特. 现代艺术大师论艺术 [C]. 林森，辛丽，译. 南京：江苏美术出版社，1990：140.

罗马尼亚雕塑家布朗库西具有哲学家的思维，他坚信艺术就是“生命”和“喜悦”（意），他从原始和民间雕刻中汲取营养，打破并超越现实表象，试图在对形的抽象直观把握中展现事物内在的本质——简洁、整体。他关注自然的理想化形式，追求造型的极度单纯化，同时又能把真实的本性表达出来，以接近事物的本质。他不厌其烦地选择少许主题，以不同材质去创作、显示他对这个世界的意象。他在雕塑中建立了一种新的节奏，一种充满内在活力的单纯性和一种象征示意的深度。他的单纯的抽象形，始终介于原始生命意象与形而上的秩序之间，蕴含着活跃的生机和深邃的哲学意味：向上奋飞的《飞鸟》简化成一个如同拉长了的惊叹号，使之富于空虚永恒的意境；拔地而起的《无限柱》连接着天与地，将生命的物质能量推向无尽的精神空间；《吻之门》让人类的爱超越历史仇恨……（图4-22）。他善于利用雕塑材料的特性，透过磨光的精致处理，使其像水一样的清澈，无限纯净，造成一种朦胧的意境。布朗库西的雕刻作品给人最大的启发有两点：一是追求作品的原创性；二是作品简洁，充满了生命的力量和秩序。在极度抽象的形式中又有深层的隐喻。这或许就是布朗库西的作品最让人着迷的要素。

图 4-22 布朗库西作品

由对生命、情感及其相应的抽象形式等宇宙秩序（意）的坚信到通过点、线、面、体构型元素的形式推敲（形），最后总结出新的形式关系规律（象）是抽象艺术的典型特征。

2. “公理推定”建构逻辑

可以说，这也是最为一般、普遍的空间艺术建构逻辑。这一过程往往遵循某些“基本原则”、意象或意图，在此前提下进入理论研究或艺术构思，循象构型，最后得出结论或形式表现。

①科学方面

茫茫宇宙中，所有自然规律不仅具有科学的真，而且具有艺术的美，这两者统一在规律的纯朴、简洁、和谐与秩序中。英国化学家纽兰兹受音乐中音阶的启发，率先提出按原子量增加的次序来排列元素，第八个元素的化学性质同第一个元素的化学性质相似，他称其为“八音律”。这实际上是把“循环”这种传统的“先验图式”作为理解元素的关键。后来的门捷列夫在发现元素周期律过程中不但运用了归纳法，而且运用了在数学中广泛运用的公理化法，这样就使得周期律中渗透着一种数学美的光辉。他在运用归纳逻辑时，实际上引入了两条公理：其一，同一类的各元素化学性质应基本相似；其二，同一周期内的各元素随着原子量的增加，其金属性依次减弱，非金属性逐渐增加。因此，元素周期律实际上是一个公理系统。在门捷列夫元素周期律中，“类”和“周期”这两条公理恰好符合上述数学美的形式要求。周期律的基本依据就是原子量，如果原子量测定不准，元素就会被排错位置，从而使“类”的完美性受到破坏。按当时测定的技术水平，要想准确测定元素的原子量是很不容易的。这样，当时实验测定的元素原子量的“真”，就和周期表的“美”发生了矛盾。门捷列夫在“美”和“真”的冲突中，从维护周期表的完美性出发，制定了一个“真”必须服从“美”的科学美学原则（“意”）。这就是说，当“真”的原则和“美”的原则发生冲突时，美学原则是更高层次的主导原则。其次，门捷列夫根据这一原则以及“循环”的“八音律”图式（“象”），相继修正了铍、铀、铟、钍、铈等元素的原子量及其在元素周期表的位置，最后得到更为完善的化学元素周期表（“形”）。门捷列夫元素周期律的美，不但体现在它能演绎出当时已知的大多数元素的化学性质，而且体现在它可以预言未知的元素的化学性质，这就为在现实世界中找寻这些元素指出了一条正确的探索路径。根据这个科学美学原则，门捷列夫先后预言了 15 个未知元素，推测出了它们的化学性质，且后来都一一得到了实验的证实，这充分显示了门捷列夫周期律内在的美。这是一个由公理（“意”）到“八音律”“周期律”的富于美感的“象”到原子量的计算、预测（而非实测）再到化学元素周期表的“形象”的探索过程。

②艺术方面

为创建橘子洲红色经典的人文历史景观，由长沙市人民政府委托，时任广州美术学院院长黎明主创了《青年毛泽东像》。（图 4-23）

雕像的总体构思将毛泽东意象为一座巍峨的高山，其巨大的肩膀担起了民族解放的历史重任。雕像横亘于橘子洲头，与背景的河西岳麓山遥相呼应。像高 32 米，长 83 米，进深 41 米，头部高 19 米。32 岁的毛泽东成为职业革命家，并于橘子洲头发出“问苍茫大地，谁主沉浮”的时代叩问，他在世 83 岁并拥有 8341 卫戍部队番号。肖像下部好似大地板块斜突，乱石崩云，惊涛裂岸，刀劈斧作，其气势恢宏伟岸，如同大河大川融于毛泽东的胸怀。

图 4-23 长沙《青年毛泽东像》　黎明

创作初期，黎明的灵感来自对毛泽东《沁园春・长沙》这首词的感悟，因而十分注重人物的情绪刻画，尤其是眉头部分，用很多小结构来表现毛泽东“指点江山，激扬文字，粪土当年万户侯”的激情，想以眉头紧锁来展现毛泽东忧国忧民的精神气质，这是对人物人格理想的一种较为外在的理解。在后来的创作中，尤其经历了十分之一稿曲折反复的修改过程，他逐渐避免了完全的照相写实，弱化了对外在情绪的表现，舍弃一切不必要的细节，从结构、骨形等大的方面经营，强化艺术表现力，客观写实与主观写意相结合，概括提炼青年毛泽东内在的精神气质——智能、自信、博大、坚定。正如雕塑家梁明成先生所分析："大雕塑与小雕塑的区别就在这里，大雕塑的造型本身就体现了人物的力量，不需要很多具体、外在的表情。大型雕塑的造型要有建筑性，在表达上需要一种很稳定的力量，不稳定就不雄伟。"[10]最后的造型整体扎实，虚实变化，写实与写意交叉，头发的"势"和脸部的"质"互为对比，骨形准，很好地把握了艺术真实与历史真实之间的度，同时也满足了大众心目中对毛泽东形象本质的集体记忆。

雕像的朝向涉及地形、日照、政治、生态、形式、视角等因素。从安置的角度讲，坐北朝南比较理想，太阳从东、西两面都能照到，但在橘子洲头的具体环境中，如果完全坐北朝南，两边城区都只能看到雕像的侧面，再加上光线的原因，为避免"阴阳脸"（光线明暗交界线正好出现在面部中心线上），根据日照和视线的综合分析，最终将其定位在南偏东38° 角的位置为宜。这也顺应毛泽东"择东"的谐音。且朝向河东长沙主城区，也符合一般观看的视角。另外，从雕像的东面长沙主城区可以看到毛泽东的四分之三侧面、侧后、侧前的形象，随着长沙市区的逐渐南移，东南方向还能够看到比较多的正面。而且这些视点都是以河西岳麓山作为背景，随着季节的变化，还能产生如"万山红遍""层林尽染"的神奇效果。从西南方向，也能看到侧面、四分之三侧面、四分之三背面和正背面，伟人的轮廓与现代化城市影像叠印。

由以上分析我们不难发现，在外部空间艺术建构过程中，无论哪种方式，也无论顺序先后，无论是厚积薄发，还是灵感一瞬，最终都离不开意、象、形三位一体的符号建构、情感倾注过程，其中"象"更是一个十分关键但又往往容易被忽略的、绕不过去的"结"，它是形象思维和创造的关键。所谓原创性就是对应于"意"的"象"的重组和生成，进而在新的"象"的主导下于构形过程中完成"形"的独特创造。所谓"意到笔到"其实有一个潜在的前提，那就是"胸有成竹"——知觉思维的"象"横贯其中，作为支撑的"脊梁"。抑或是对已有的"象"的超越也不能排除源自主客观的、重构的新的"象"的生成，并通过新的形式展现出来。透视学的建立、打破透视的"印象"和"后印象"、回归绘画"平面"本质的现代绘画，乃至立体主义对空间的解构和重构、对时间的表现以及与侠义相对论偶然对接的形体收缩（贾科梅蒂）等，皆是艺术家内、外感官形式——先验的空间、时间结构——解构与重构的结果，当然，从经验的角度看，也是不断建构、总结的结果。

需要特别指出的是，上述三种类型六种建构逻辑仅仅是意、象、形三位一体按因果顺序推演的结果，虽然也能就一般的外部空间设计创作历程"对号入座"，但不可能囊括所有的创作方式、方法。尤其对于意象空间的浩瀚广阔和建构过程的错综复杂，以及更多情况下意、象、形三者互动、胶着、融汇的"无边界"状态，逻辑的先后顺序在此是无能为力的。

资料来源：

图 4-1：吴良镛．人居环境科学导论 [M]. 北京：中国建筑工业出版社，2001：82.

图 4-14：HENRY MOORE，Crescent Books，New York/Avene，New Jersey.

图 4-15：同上．

图 4-17：杨志疆．当代艺术视野中的建筑 [M]. 南京：东南大学出版社，2003：55.

图 4-18：同上：58.

图 4-19：同上：44.

图 4-21：同上：13~15.

图 4-22：欧阳英．西方美术史图像手册・雕塑卷 [M]. 杭州：中国美术学院出版社，2003.

图 4-23：谢立文供稿（广州美院雕塑系教师）

10」《广州美术学院雕塑系系报》第 11 期，2010(5). [J].

Chapter 5

108
/
122

第五章

外部空间设计课程设置

External Space Design

第一节

课程教学计划

一、教学目的

外部空间设计（含环境规划、人体工程学）课程是培养雕塑专业学生对雕塑外部环境理解与认识的重要课程，旨在培养学生"雕塑与外部环境"密切相关的设计思想。外部空间环境是雕塑产生以及造型创作的源泉，同时也对雕塑的文化内涵、视觉构成产生重要影响。通过系统严谨的训练使学生掌握雕塑外部空间环境的观察、分析与设计能力，并将环境规划、人体工程学与雕塑设计相结合，使学生能够完成与环境协调、与人体尺度相符合的雕塑创作。

二、重点环节

外部空间设计中的建筑空间概念与雕塑空间的交叉、理解及综合运用。

第二节

课程教学安排

课程需要80~100课时，比较适合安排在专业设计课的开始或中段。

一、教学组织

课程一般为五周，第一周课堂讲解和设计准备，重点是通过PPT演示和具体艺术家作品的讲解，再该配合讲授在学校所处的室外空间或街道进行“城市漫步”，感受城市公共空间的特点，并且以“空间”为主题进行课堂讨论并完成随堂作业。第二周安排课程设计作业，现场勘察后收集整理前述各种资料，配合作业进行课堂讲授或分组讲评。第三周是作业辅导，引导学生确定设计路线完成设计草图。第四周进行比例泥塑模型制作，并整合平面草图帮助学生系统地完成作业。第五周整合过程提交设计成果（PPT）并做汇报讲解。

二、课程作业设计

课程作业设计是教学的一个重点，也是教学的最终落脚点。好的课程作业设计可以使教学任务明确，目标清晰，要求具体。

作业可以针对某具体设计招标项目进行真题设计。这样的课题是因为要求明确、有比较充实的基础资料，如地形测绘资料，但是要避免用业务代替课程设计，因为它往往会被具体的设计条件所束缚，不利于学生发挥设计思维的主观能动性。可以在所在城市空间里或校区内选择地块进行模拟项目，完全针对所讲课程内容进行课程设计，最好有具体测绘资料，运用“城市漫步”的方式，发现问题，解决问题。但也要控制场地体量，使学生能完成作业。

三、课程作业点评

（一）外部空间设计 1——场地设计

培养景观雕塑专业方向学生对场地认知与理解的重要课程，也是基本理论之一。本课程以课堂讲授为主，结合实地考察与测绘，使学生对场地性质、尺度、质感以及空间布局等外部空间设计要点有理论认知与实际案例的切身体验，并通过绘制图纸、制作模型等方式对实际场地进行分析与设计，完善对知识点的把握与训练。

1. 随堂作业

寄宿院建在东京都内风景不错的高地上，占地很大，四周有高高的混凝土墙。进入大门，迎面矗立一棵巨大的榉树。树龄听说至少有 150 年。站在树下抬头仰望，只见天空被绿叶遮掩得密密实实。一条水泥甬道绕着这棵巨树迂回转过，然后再次呈直线穿过中庭。中庭两侧平行坐落着两栋三层高的钢筋混凝土楼房。这是开有玻璃窗口的大型建筑，给人以似乎是由公寓改造成的监狱或由监狱改造成的公寓的印象。但绝无不洁之感，也不觉得阴暗。窗口传出收音机的声音，每个窗口的窗帘均是奶黄色，属于最耐晒的颜色。沿甬道径直前行，正面便是双层主楼。一楼是食堂和大浴池，二楼是礼堂和几个会议室。另外不知做何用，居然还有贵宾室。主楼旁边便是三楼寄宿楼，同是三层。院子很大，绿色草坪的正中有个喷水笼头，旋转不止，反射着阳光。主楼后面是棒球和足球两用的运动场和六个网球场。应有尽有。

于是我打开卷闸门。那门发出惊人的怪叫声，我往上拉起一米高，弓腰钻到里面，再把门落下。店内漆黑一片。我绊在一捆准备退回的杂志上，险些摔个跟头。我一步一挪地摸到店的尽头，靠墙是一排一人多高的书架，摸索着脱去鞋，抬腿上去，屋里面光线若明若暗，从脱鞋处上去没几步，有间简单的客厅，摆着一套沙发。房间不很宽敞，窗口透进仿佛战前波兰电影镜头中那样昏暗的光线，显得房间更加紧张局促。左侧有一仓库样的杂物间，可以看见厕所的门。右侧立一陡梯，我小心翼翼地爬上二楼。较之一楼，二楼敞亮得多，我吁了口长气。

阅读以上两段文字，通过速写的方式完成。

从文字阅读到绘制图形是一种抽象到具体的表现方法， 在课堂中穿插作业有利于学生对于设计思维的培养和空间意识的拓宽。

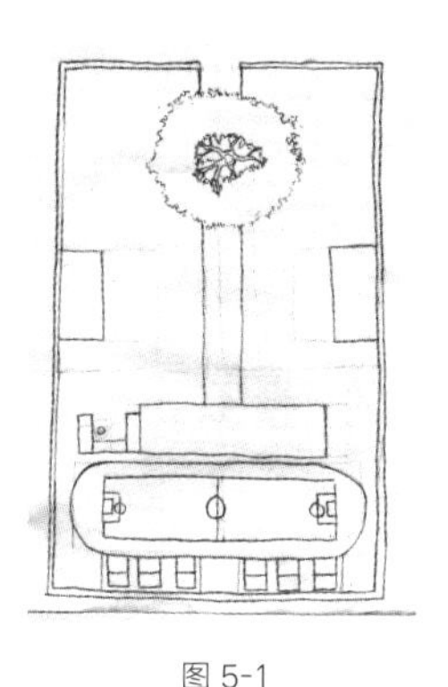

图 5-1

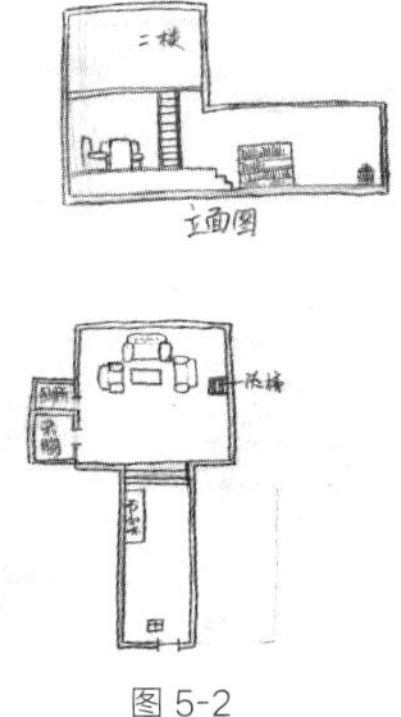

图 5-2

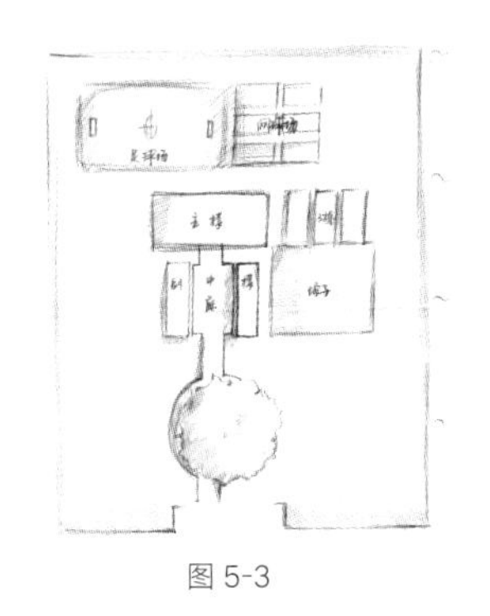

图 5-3

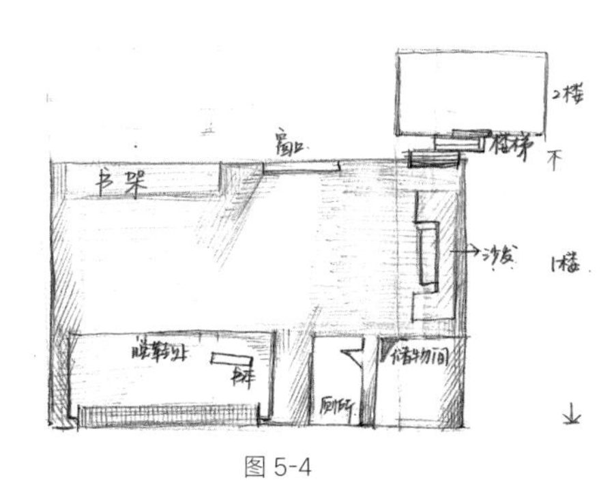

图 5-4

作业示范 1（2012 级 赵强）：图 5-1、 图 5-2

作业示范 2（2012 级 李璇）：图 5-3、 图 5-4

2. 调查报告（图 5-5）

20 年 月 日四川美术学院新校区考察记录

级　专业　姓名________

文件提交要求：

1. 最终提交文件为 word 文档，题目中涉及的图片请转换为 jpg 格式后再放入对应的题目中。
2. 最终提交文件大小不超过 3M。
3. 文件名称以自己的名字重新命名。

如不符合以上三点要求邮件将被拒收！

4. 请在　年　月　日 20:00 之前发送到邮箱 64347889@qq.com

晚交的作业将按“当日超时”和“次日超时”两种情况进行扣分。

考察需要携带工具：卷尺、铅笔、相机、打印文件

在四川美术学院南大门的航拍图中，我们将人工湖的三个入口分别命名为 L1、L2、L3

一、请分别测量从每个入口通过通道直到图书馆的距离，并记录下每段距离的行走感受

	步行直线距离（m）	行走感受
L1		
L2		
L3		

二、请选取三个路线的其中一个，回答下列问题

1. 你选取的通道编号是____________。
2. 站在通道的起点，景观中吸引你的视觉焦点是什么？
3. 站在终点处看你选择的这条通道，景观中吸引你的视觉焦点是什么？
4. 请画出这段通道中最典型的 1~2 种剖面图，并标示出它们的尺寸及 D/H 关系。
5. 在这段通道中，典型的平面布局是如何划分的？请按比例画出一段平面图。
6. 在这段平面中，停滞空间的地面是如何处理的？行进空间的地面是如何处理的？如果铺装不同，它们之间是如何过渡的？（请用照片结合文字说明）
7. 在这段平面中，停滞空间有休息座椅吗？如果有，请列举座椅的种类照片，并标注尺寸，请尝试坐在应椅上，估计满座的人数是多少，并统计实际使用的人数，给出平均数据。
8. 请观察在这些区域休息的人群，回答下列问题

他们的身份是____________________（学生、在此玩耍的附近居民等）

他们大多为______________________（老年，中年，青年，小孩等）

他们休息时的主要行为是__________（静坐，交读，玩资等）

他们主要的团队人数分布为________（1 人、2~3 人，5 人以上等）

他们停留的时间为________________（5 分钟以下，10~15 分钟，15 分钟以上等）

他们坐下来时，视线前方有好的观景点吗？身后有安全的屏障吗？

9. 在这段平面中，停滞空间的立面元素是怎样布置的？请列举图片并标注尺寸。
10. 在你所选设计区域内，是否有雕塑？如果有雕塑等，视觉中心点的布置相隔距离是多少？ 每个雕塑的高度是多少？
11. 行走在行进空间中，这些景观焦点能够轻易进入你的视线，成为视觉焦点吗？如果可以，它是在多远的距离首次进入你的视线并成为焦点的？如果不能，请说明原因。

图 5-5

课程讲授结束后，安排学生进行“城市漫步”体验。荷塘，位于四川美术学院的中部，在操场和行政楼之间。教师在课前准备好问题若干，结合学生一起进行观察，和课程所讲授内容开展讨论并完成调查。

在四川美术学院南大门的航拍图中，我们将人工湖的三个入口分别命名为 L1、L2、L3

一、请分别测量从每个入口通过通道直到图书馆的距离，并记录下每段距离的行走感受

	步行直线距离（m）	行走感受
L1	170.61	道路较长，有些路段狭窄，走完全程有点疲惫
L2	134	路线长度适中，环境清幽，心情舒畅
L3	97.36	此路线较短，视觉比较开司，身心很轻松

二、请选取三个路线的其中一个，回答下列问题

1. 选取的通道编号是 L3。

2. 站在通道的起点，景观中吸引你的视觉焦点是什么？
通道起点的视觉焦点是一整块仿古石照壁，尺寸为高 245cm, 长 487cm, 厚 35~50cm。

3. 站在终点处看你选择这条通道，景观中吸引你的视觉焦点是什么？
通道终点的视觉焦点是距离终点 2805cm 的石拱门上修建的休息亭。

4. 请画出这段通道中最典型的 1~2 种的剖面图，并标示出它们的尺寸及 D/H 关系。
剖面图 D/H<1

图 5-6

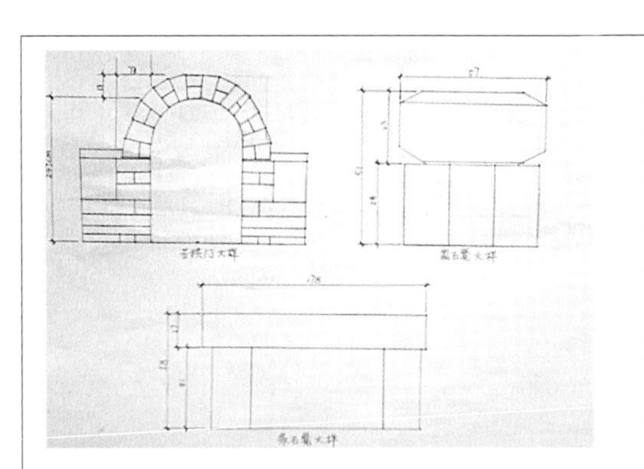

5. 在这段通道中，典型的平面布局是如何划分的，请按比例画出一段平面图。

平面图

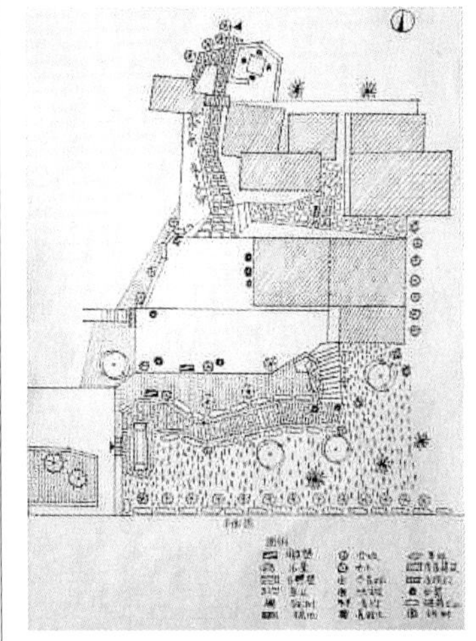

6. 在这段平面中，停滞空间的地面是如处理的？行进空间的地面是如何处理的？如果铺装不同，它们之间是如何过渡的？（请用照片结合文字说明）
停滞空间的地面处理：将停滞空间做一个高度差，以此来区别。

图 5-7

作业示范 3（2008 级 李金枝）：图 5-6 至图 5-8

他们主要的团队人数分布为青年 2~3 人，中老年团队游玩超过 10 人(1 人、2~3 人，5 人以上等)

他们停留的时间为 10~15 分钟 (5 分钟以下，10~15 分钟，15 分钟以上等)

他们坐下来时，视线前方有好的观景点吗？身后有安全的屏障吗？

在 L3 通道区域的人群坐下休息时，大部分是在 L3 通道中部的农家小院的石凳上静坐，视觉前方有好的景观点，例如通道旁边古色古香的凉亭，俯瞰人工湖旁边的植被。当人群坐下休息时，由于农家小院里设置的休息石条凳和圆石凳都在院子边缘及道路边缘，而使人群坐下休息时身后没有安全屏障，这一点需要进行合理的改善。

7. 在这段平面中，停滞空间的立面元素是怎样布置的，请列举图片并标注尺寸。

停滞空间的立面元素布置

（1）比较大的条形石块有序的堆砌 尺寸：14m 高，单独石条 0.28m 宽，085m 长。

（2）小块的石块无序的堆砌 尺寸：19m 高，单独石块 017m 宽，0.32m 长。

8. 在你所选设计区域内，是否有雕塑，如果有雕塑的视觉中心点的布置相隔距离是多少？每个雕塑的高度是多少？

L3 通道所选设计区域内有雕塑，L3 通道所选设计区域内的雕塑有 3 件，都为《收租院》系列雕塑。雕塑 1 高 1.65m，雕塑 2 高 1.10m，雕望 3 高 1.40m。

雕塑的视觉中心点的布置相隔距离是：雕塑 1 距离雕塑 2 是 9.87m，雕塑 2 距离雕塑 3 是 7.52m。

图 5-8

一、请分别测量从每个入口通过通道直到图书馆的距离，并记录下每段距离的行走感受

	步行直线距离（m）	行走感受
L1	1.75m	景物繁多，道路曲折，凌乱
L2	1.40m	时密时疏，水景较好，路长
L3	1.14m	曲径通幽，视点较高，取景漂亮，易停下休息

二、请选取三个路线的其中一个，回答下列问题

1. 你选取的通道编号是 L3 。

2. 站在通道的起点，景观中吸引你的视觉焦点是什么？

树木花草掩映下的农家小院。

3. 站在终点处看你选择这条通道，景观中吸引你的视觉焦点是什么？

山坡最高处连成排错落有致的几个小亭子。

4. 请画出这段通道中最典型的 1~2 种剖面图，并标示出它们的尺寸及 D/H 关系。

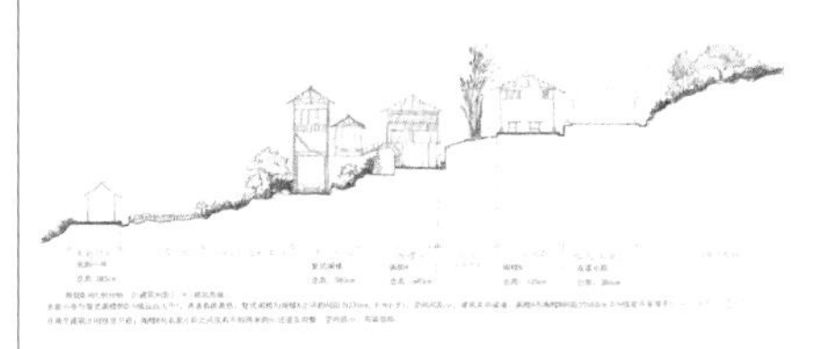

5. 在这段通道中，典型的平面布局是如何划分的，请按比例画出一段平面图。

图 5-9

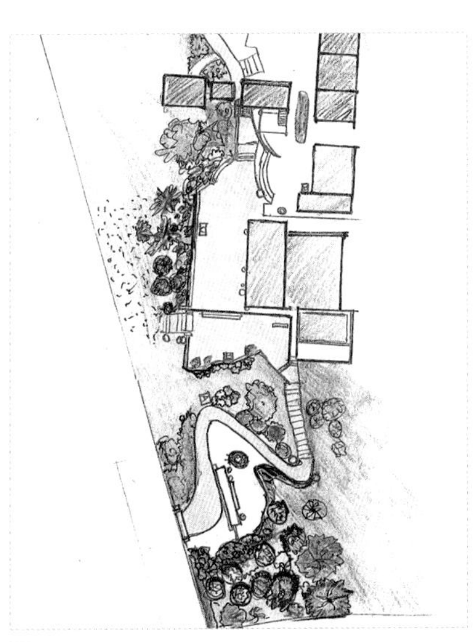

图 5-10

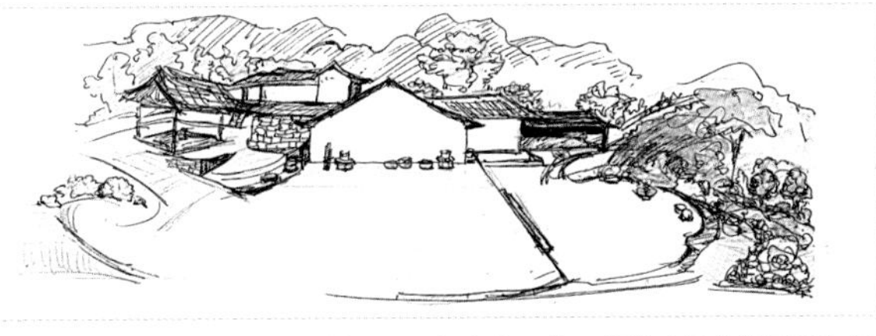

6. 在这段平面中，停滞空间的地面是如何处理的？行进空间的地面是如何处理的？如果铺装不同，它们之间是如何过渡的？（请用照片结合文字说明）

图 5-11

作业示范 4（2008 级 李路凯）：图 5-9 至图 5-11

3. 课程设计

设计地块位于四川美术学院南门入口处，周长约 238 米。（图 5-12）
作业示范 5（2008 级 李金枝、李路凯）：（图 5-13、图 5-14）
作业示范 6（2008 级 柴若桥）：（图 5-15）
作业示范 7（2008 级 钱旭俊）：（图 5-16）
作业示范 8（2008 级 郑果）：（图 5-17）
作业示范 9（2008 级 李美娴、张灵犀）：（图 5-18）

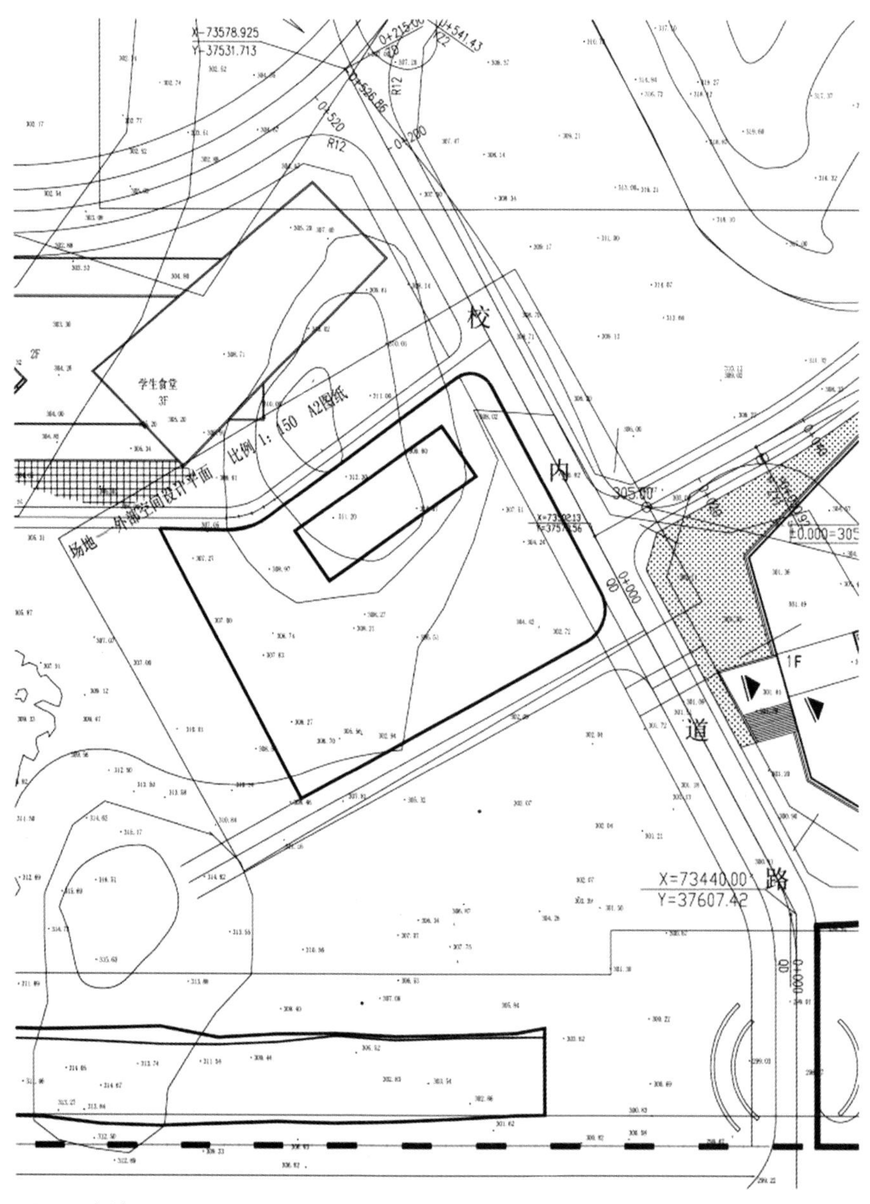

图 5-12 场地平面图

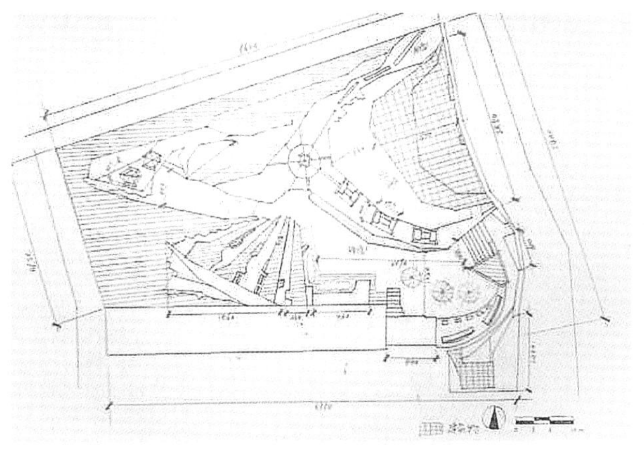

图 5-13

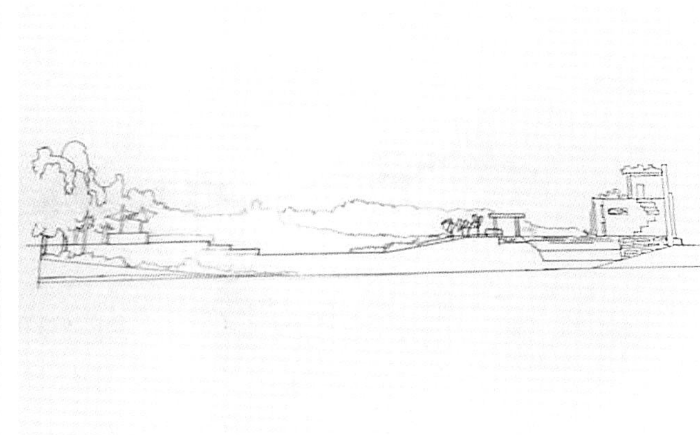

图 5-14

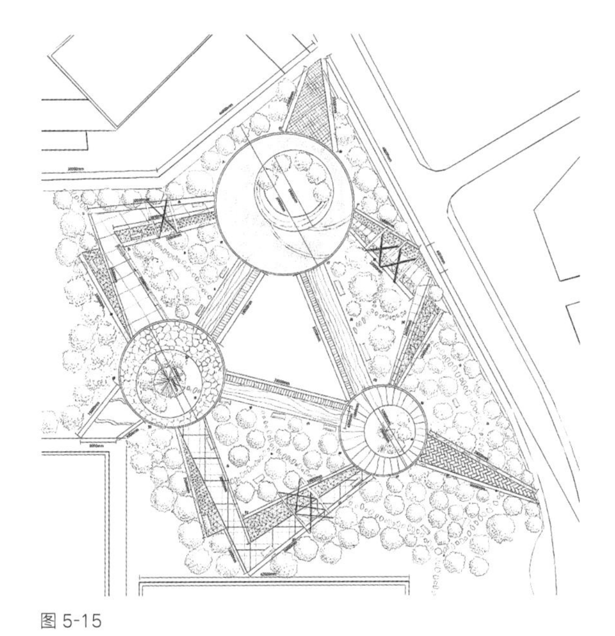

图 5-15

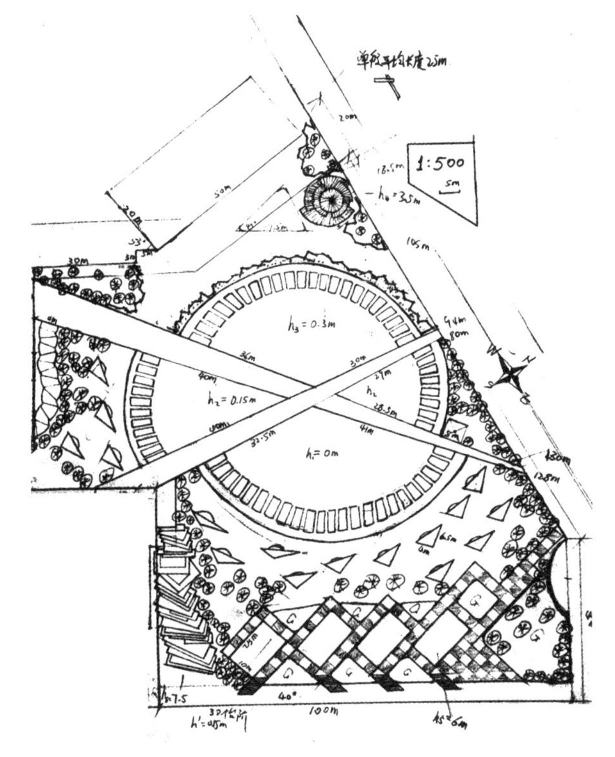

图 5-16

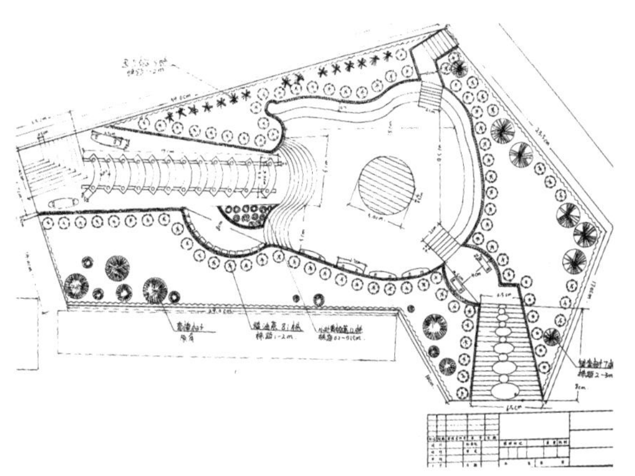

图 5-17

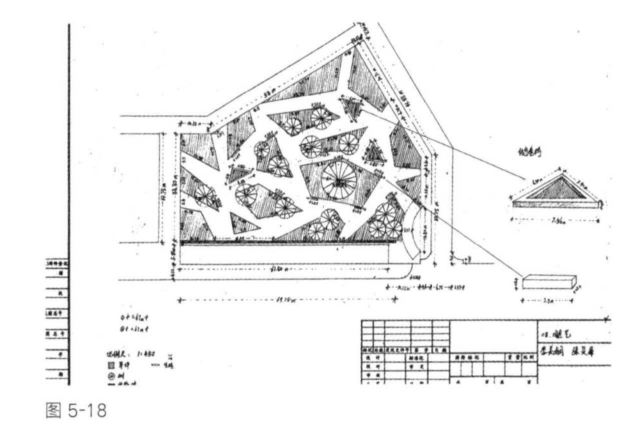

图 5-18

4. 方案深化

作业示范 10（2008 级 李金枝、李路凯）：（图 5-19 至图 5-21）

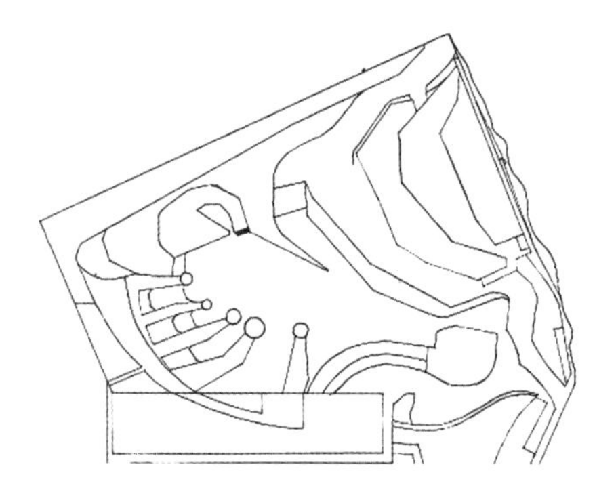

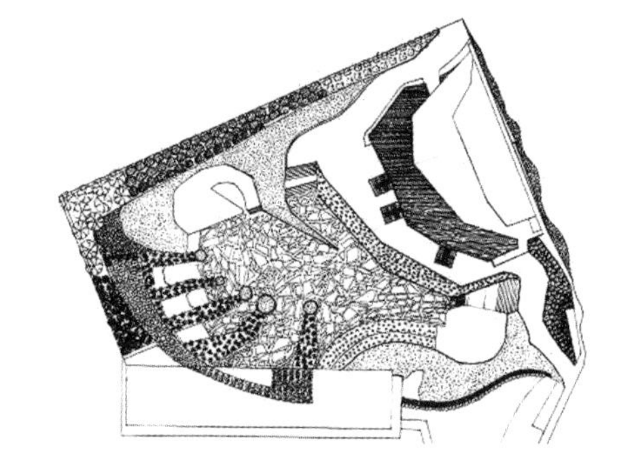

图 5-19

5. 设计成果

作业示范 11（2010 级 陈清华）：（图 5-22、图 5-23）

作业示范 12（2013 级 何春怡、董旭洲）：

（图 5-24 至图 5-26）

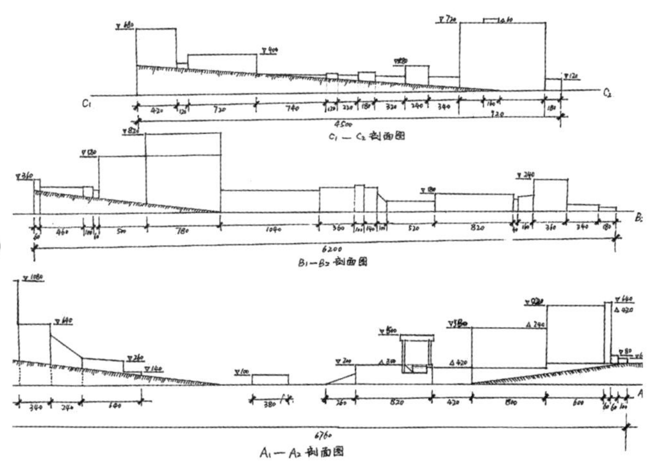

图 5-20

图 5-21

图 5-22

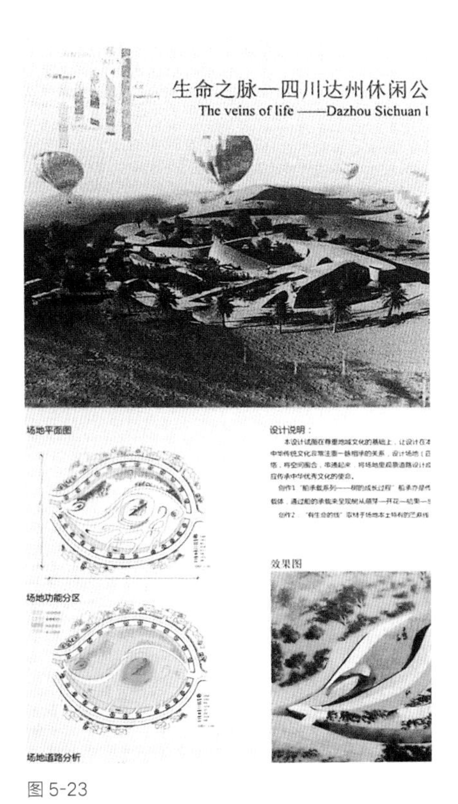

图 5-23

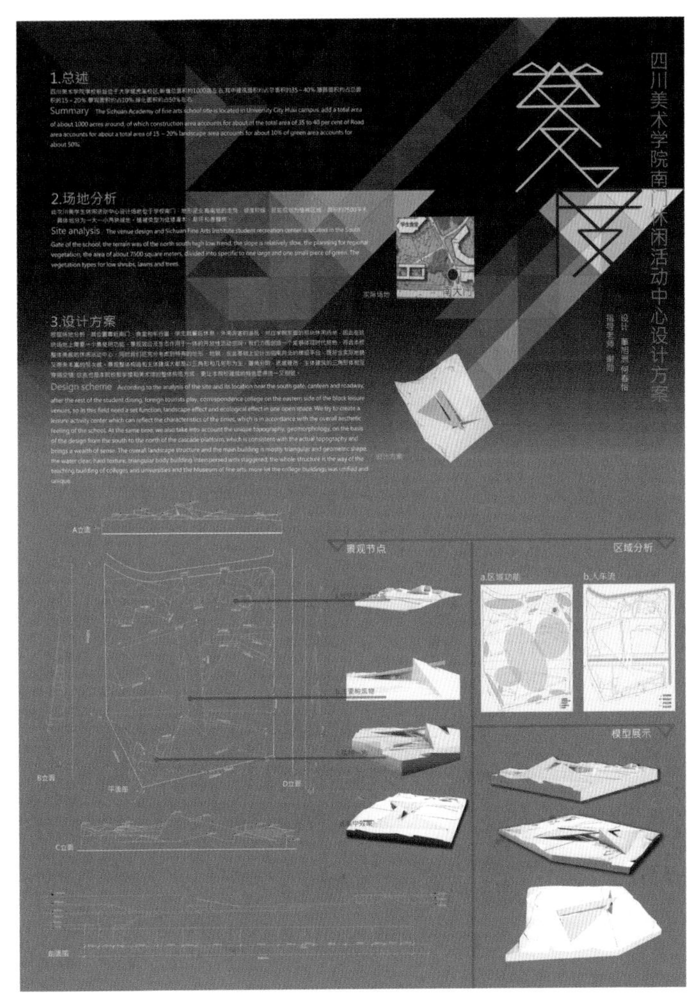

图 5-24

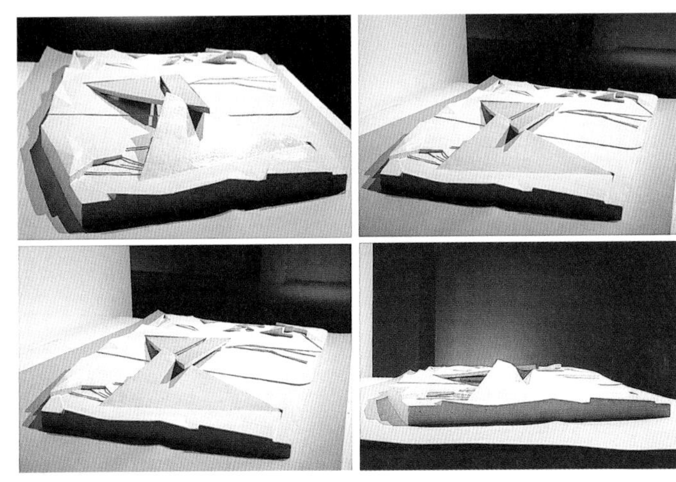

图 5-25

图 5-26

（二）外部空间设计 2 ——空间造型设计

以城市景观空间造型设计为重点内容，以雕塑语言和雕塑思维为基础，通过教学与实践，使学生理解城市意向和城市形态，并学习城市发生、发展的基本过程，把握城市的发展脉络，并对与城市景观造型相关的知识和学科有一定的了解，如生态、社会、文化等知识和城市规划学科。使学生掌握城市环境空间造型的基本内容与处理方法，从雕塑的造型和材料出发，在理解城市文脉的基础上，对在城市环境空间设计中，着重培养学生造型、功能、材料核心理念的设计思维，培养出能够适应时代需求的景观雕塑专业学生。

作业示范 13（2012 级 陈静）：（图 5-27 至图 5-33）
作业示范 14（2013 级 刘津含、赵强）：（图 5-34）
作业示范 15（2013 级 刘云希）：（图 5-35、图 5-36）

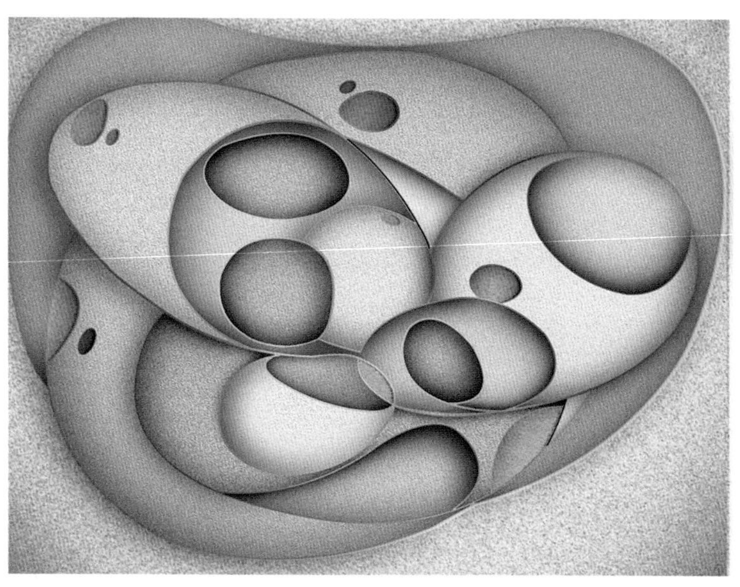
图 5-27

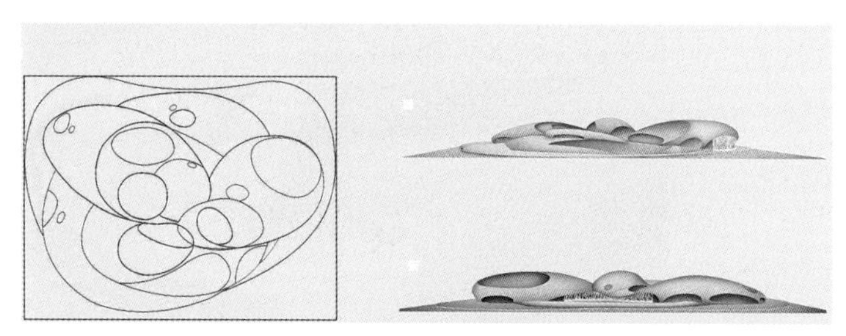
图 5-28

创造性思维

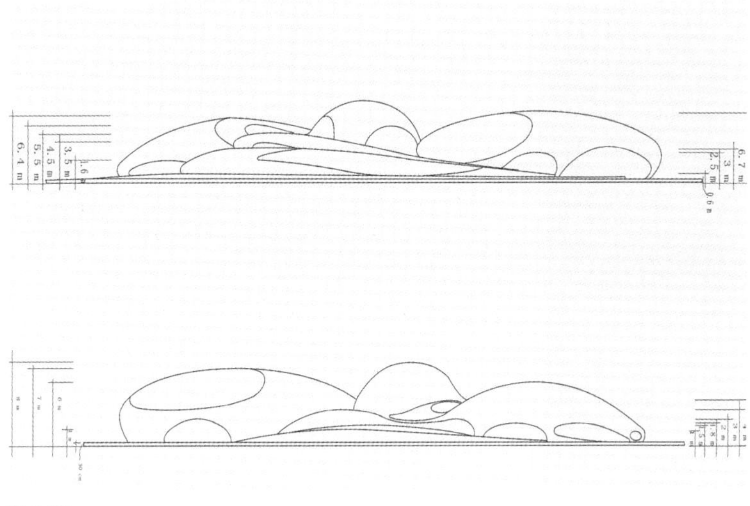

图 5-29

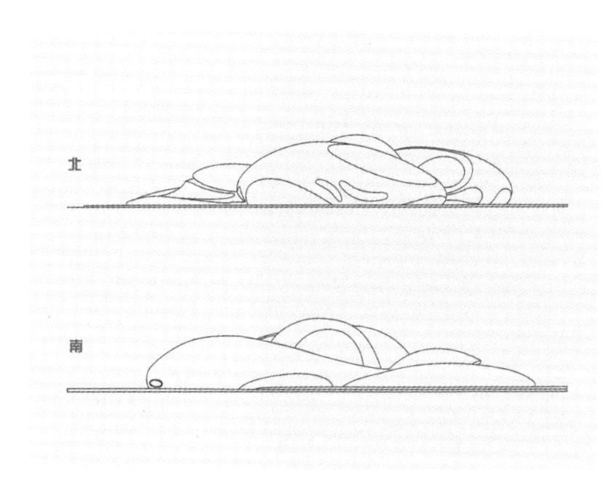

图 5-30

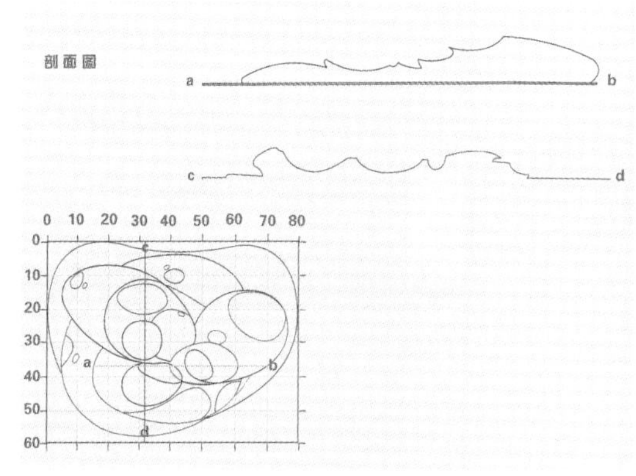

图 5-31

图 5-32

图 5-33

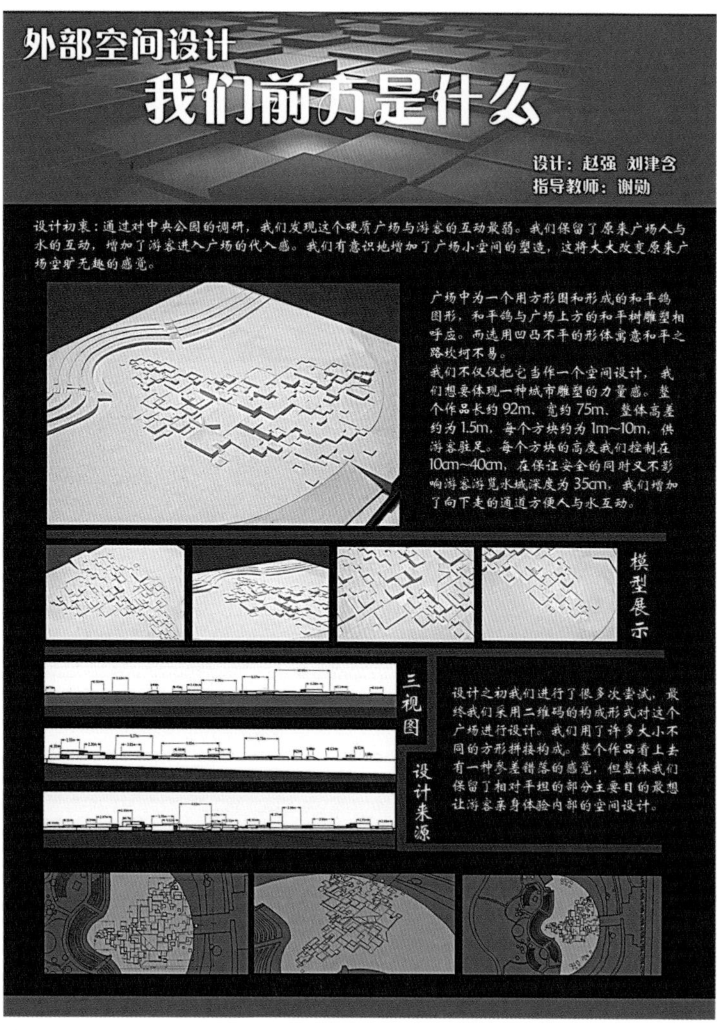

图 5-34

图 5-35

图 5-36

参考书目

1. 吴良镛 . 人居环境科学导论 [M]. 北京：中国建筑工业出版社，2001.

2. 黄光宇 . 山地城市学 [M]. 北京：中国建筑工业出版社，2002.

3. [美] 伦纳德・史莱因 . 艺术与物理学 [M]. 暴永宁，吴伯泽，译 . 长春：吉林人民出版社，2001.

4. [美] 刘易斯・芒福德 . 城市发展史：起源、演变和前景 [M]. 宋俊岭，倪文彦，译 . 北京：中国建筑工业出版社，2005.

5. 李泽厚 . 美的历程（修订插图版）[M]. 天津：天津社会科学院出版社，2001.

6. [美]I.L. 麦克哈格 . 设计结合自然（中译本）[M]. 芮经纬，译 . 北京：中国建筑工业出版社，1992.

7. 宗白华 . 意境 [M]. 北京：北京大学出版社，1999.

8. [美] 鲁道夫・阿恩海姆 . 艺术与视知觉 [M]. 滕守尧，朱疆源，译 . 成都：四川人民出版社 ,1998.

9. 王贵祥 . 东西方建筑空间 [M]. 北京：中国建筑工业出版社，1998.

10. [意] 布鲁诺・赛维 . 建筑空间论：如何品评建筑 [M]. 张似赞，译 . 北京：中国建筑工业出版社，2006.

11. [英] 理查德・帕多万 . 比例：科学・哲学・建筑 [M]. 周玉鹏，刘耀辉，译 . 北京：中国建筑工业出版社，2005.

12. [英] 克利夫・芒福汀 . 街道与广场 [M]. 张永刚，陆卫东，译 . 北京：中国建筑工业出版社，2004.

13. [美]S. 阿瑞提 . 创造的秘密 [M]. 钱岗南，译 . 沈阳：辽宁人民出版社，1987.

14. 亢亮，亢羽 . 风水与城市 [M]. 天津：百花文艺出版社，1999.

15. 吴风 . 艺术符号美学：苏珊・朗格符号美学研究 [M]. 北京：北京广播学院出版社，2002.

16. [日] 香山寿夫 . 建筑意匠十二讲 [M]. 宁晶，译 . 北京：中国建筑工业出版社，2006.

17. 辛华泉 . 空间构成 [M]. 哈尔滨：黑龙江美术出版社，1992.

18. [瑞士]W. 博奥席耶 . 勒・柯布西耶全集 (第 5 卷)[M]. 牛燕芳，程超，译 . 北京：中国建筑工业出版社，2005.

19. [美] 史蒂芬・霍金 . 时间简史（插图本）[M]. 许贤明，吴忠超，译 . 长沙：湖南科学技术出版社，2002.

20. 邵大箴 . 西方现代美术思潮 [M]. 成都：四川美术出版社 ,1990.

后 记

四川美术学院雕塑系景观雕塑方向长期以来缺少自己的专业课程教材，在学校和系里的高度重视、支持和督促下，经过一年多的努力，《外部空间设计》这一课程教材终于完工。

本书第一章、第二章、第三章第一节与第三节、第四章第二节由龙宏撰写，第三章第二节、第四章第一节、第五章由谢勋撰写，全书图片资料除注明来源外均为作者自拍自绘。由于撰写仓促，过程中难免挂一漏万，不足之处亦在所难免，恳请各位前辈、同仁不吝赐教，以利本书不断完善。本书编排、出版过程中得到西南师范大学出版社王正端老师的大力支持和帮助，在此深表谢意！

图书在版编目（CIP）数据

外部空间设计 / 龙宏，谢勋著. —重庆：西南师范大学出版社，2018.5
四川美术学院雕塑系实践教学系列教程
ISBN 978-7-5621-9308-1

Ⅰ. ①外… Ⅱ. ①龙… ②谢… Ⅲ. ①建筑设计－高等学校－教材 Ⅳ. ①TU2

中国版本图书馆CIP数据核字(2018)第089144号

普通高等教育“十三五”规划教材
四川美术学院雕塑系实践教学系列教程

外部空间设计
WAIBU KONGJIAN SHEJI
龙宏　谢勋　著

责任编辑：鲁妍妍
设计指导：汪　泓
书籍设计：曹馨予　黄炜杰
出版发行：西南师范大学出版社
地　　址：重庆市北碚区天生路2号
邮政编码：400715
http：//www.xscbs.com
电　　话：（023）68860895
传　　真：（023）68208984
经　　销：新华书店
排　　版：重庆新金雅迪艺术印刷有限公司
印　　刷：重庆新金雅迪艺术印刷有限公司
幅面尺寸：210mm×285mm
印　　张：8.25
字　　数：211千字
版　　次：2018年9月 第1版
印　　次：2018年9月 第1次印刷
ISBN 978-7-5621-9308-1
定　　价：56.00元

本书如有印装质量问题，请与我社读者服务部联系更换。
读者服务部电话：（023）68252507
市场营销部电话：（023）68868624　68253705
西南师范大学出版社美术分社欢迎赐稿。
电话：（023）68254657　　1175621129@qq.com